Gagandeep Kaur
Latika Pinjarkar
Poorva Agrawal

Sumarização de comentários de clientes usando análise híbrida de sentimentos

Gagandeep Kaur
Latika Pinjarkar
Poorva Agrawal

Sumarização de comentários de clientes usando análise híbrida de sentimentos

ScienciaScripts

Imprint

Cover image: www.ingimage.com

This book is a translation from the original published under ISBN 978-620-7-80535-8.

Publisher:
Sciencia Scripts
is a trademark of
Dodo Books Indian Ocean Ltd. and OmniScriptum S.R.L publishing group

120 High Road, East Finchley, London, N2 9ED, United Kingdom
Str. Armeneasca 28/1, office 1, Chisinau MD-2012, Republic of Moldova, Europe
Printed at: see last page
ISBN: 978-620-8-09094-4

Conteúdo

Autores

Dr. Gagandeep Kaur
Instituto de Tecnologia Symbiosis, Campus de Nagpur, Symbiosis International (Deemed University), Pune, Índia
Dr. Latika Pinjarkar
Instituto de Tecnologia Symbiosis, Campus de Nagpur, Symbiosis International (Deemed University), Pune, Índia
Dr. Poorva Agrawal
Instituto de Tecnologia Symbiosis, Campus de Nagpur, Symbiosis International (Deemed University), Pune, Índia

RESUMO

O mundo atual regista um crescimento exponencial na produção de conteúdos textuais todos os dias. A cada instante, fontes como o Telegram e o WhatsApp, sítios Web de redes sociais como o Instagram e o Facebook, sítios Web de comércio eletrónico como a Amazon, pesquisas no Google, sítios Web de publicação de notícias, produzem enormes quantidades de dados de texto. A interpretação desses dados pode ajudar os empresários a analisar a perspetiva social do seu produto, marca ou serviço e a tomar as medidas necessárias. Devido à grande quantidade de dados de texto, o Processamento de Linguagem Natural (PNL), que é uma subtarefa popular da Análise de Sentimentos (SA), revela-se uma ferramenta importante para interpretar o conteúdo. O desenvolvimento de um modelo de Sumarização de Críticas de Consumidores (CRS) usando técnicas de PNL e Memória de Longo Prazo (LSTM) para apresentar dados resumidos e ajudar as empresas a obter uma visão substancial do comportamento e das escolhas dos seus consumidores é o tópico desta investigação. A funcionalidade do CRS depende principalmente do modelo de Análise de Sentimentos (SA). O modelo automático SADL-CRS proposto consiste em duas fases: SADL e CRS. O SADL inclui o pré-processamento da revisão, a extração de caraterísticas e a categorização/classificação do sentimento. Utilizando técnicas de PNL (Processamento de Linguagem Natural), a fase de pré-processamento elimina material estranho das revisões de texto. Para extrair as caraterísticas de forma eficaz, apresentamos uma técnica híbrida que inclui caraterísticas relacionadas com a revisão e caraterísticas relacionadas com o aspeto para construir um vetor de caraterísticas híbrido distinto para todas as revisões. Os comentários de entrada são classificados usando o classificador DL Long Short-Term Memory (LSTM). A fase CRS efectua o resumo automático utilizando o resultado do SADL.

O estudo proposto avalia o desempenho dos modelos propostos com os métodos mais avançados, utilizando o conjunto de dados de avaliações de restaurantes SemEval-2014, o conjunto de dados de avaliações de produtos da Amazon e o conjunto de dados Sentimetnt140. A análise quantitativa do modelo proposto foi efectuada e o desempenho foi comparado com alguns dos métodos SA/ABSA e CRS mais recentes. Os resultados concluem que o algoritmo proposto tem um desempenho superior ao dos métodos SA/ABSA e CRS mais recentes.

Capítulo 1

Introdução

Ao longo das últimas décadas, a investigação sobre a criação de um modelo eficaz de Resumos de Análises de Clientes (CRS) tem suscitado um grande interesse. As múltiplas aplicações deste modelo levaram várias empresas de TI a concentrarem-se no seu desenvolvimento efetivo. O SIR fez com que as empresas crescessem exponencialmente na última década. Estes são os sistemas que ajudam as empresas a avaliar as críticas dos seus clientes em linha. Prevê-se que mais de 80 por cento dos dados mundiais não estejam estruturados e não estejam organizados de uma forma específica. A maior parte desses dados provém de conversas, e-mails, críticas em sítios Web de comércio eletrónico, redes sociais, inquéritos, artigos e documentos. Estes textos são geralmente difíceis de extrair devido ao seu volume, diversidade, sarcasmo, dados ruidosos, autenticidade e rápida taxa de geração. Tendo em conta estes factos, o trabalho proposto tem como objetivo desenvolver um modelo de sumarização de críticas de clientes que possa dar sentido a este texto não estruturado, obter entendimentos acionáveis e poupar horas de processamento manual de dados.

O capítulo está organizado da seguinte forma. A Secção 1.1 aborda os antecedentes da sumarização de críticas de clientes. Esta secção está ainda dividida nas seguintes subsecções. A subsecção 1.1.1 introduz o processo de análise de sentimentos e a subsecção 1.1.2 indica os níveis de análise de sentimentos. O processo de análise de sentimentos baseado em aspectos é discutido na secção 1.1.3. As subsecções 1.1.4, 1.1.5 e 1.1.6 abordam as técnicas de extração de caraterísticas, as técnicas de análise de sentimentos e o processo de sumarização de críticas de clientes, respetivamente. As secções 1.2 e 1.3 discutem as aplicações e a motivação para o trabalho de investigação proposto, respetivamente. A secção 1.4 descreve a definição do problema. A secção 1.5 centra-se na contribuição principal. A Secção 1.6 apresenta a estrutura geral da tese.

1.1 Resumo da análise do cliente (CRS): Antecedentes

Os avanços no domínio da Internet das Coisas (IoT) e da Web 2.0 permitiram que os utilizadores da Web expressassem as suas opiniões em várias plataformas de comércio eletrónico e de redes sociais [1][2]. Este facto conduziu a um enorme aumento das avaliações, que podem ajudar as empresas a tomar decisões informadas sobre os seus produtos, marcas ou serviços. Consequentemente, o Customer Review Summarization (CRS) torna-se um componente essencial da gestão empresarial para ajudar a melhorar os seus produtos e serviços através da avaliação das críticas em linha. Ao estudar sistematicamente essas avaliações, as unidades de negócio como o comércio eletrónico, os restaurantes e o cinema podem aumentar a sua produtividade e eficiência, obtendo informações valiosas sobre as exigências e a satisfação dos clientes. Além disso, as críticas podem ajudar a examinar minuciosamente os concorrentes [3].

Esses sistemas podem ser construídos utilizando técnicas de análise de sentimentos

(SA) ou de extração de opiniões (OM). A análise de sentimentos é uma tarefa de processamento da linguagem natural (PLN) que tem por objetivo classificar as críticas como negativas, positivas e neutras. As empresas podem obter informações valiosas sobre as razões subjacentes às escolhas e ao comportamento dos clientes através da análise de sentimentos em fontes de texto. Estas incluem textos encontrados em mensagens de correio eletrónico, críticas em sítios Web de compras e publicações em plataformas de redes sociais como o Twitter e o Facebook [4]. O processo de análise de sentimentos implica o cálculo das actividades de um indivíduo em relação aos seus interesses de compra e, em seguida, a exploração dos seus sentimentos sobre a entidade comercial de uma organização. Esta entidade pode ser considerada como um produto, um evento, um artigo de blogue ou um indivíduo. [5].

Para além de reconhecerem o sentimento, os sistemas SA também determinam os traços da expressão, como por exemplo

- Polaridade: opinião negativa, positiva ou neutra,
- Assunto: o objeto em discussão,
- Detentor de opinião: uma pessoa que exprime uma opinião [6].

1.1.1 Processo de análise de sentimentos

O método geral de recolha de dados, seleção de caraterísticas e análise de sentimentos é apresentado na Figura 1.1, que ilustra o fluxo de trabalho geral da análise de sentimentos
[7].

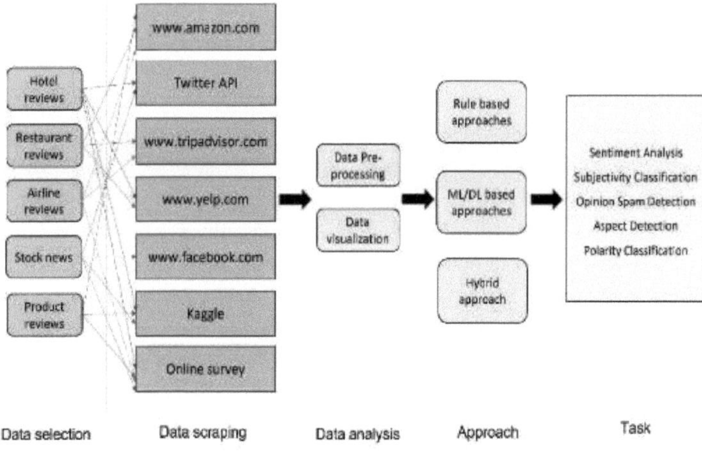

Figura 1.1. Processo SA

A recolha de dados é a primeira etapa do processo de SA, que pode ser realizada a partir da Internet através de web scraping, canais de notícias, sítios Web de redes sociais, sítios Web de comércio eletrónico, etc. Durante a fase de pré-processamento dos dados, as análises em bruto são limpas para remover o texto desnecessário e complexo. Este passo envolve a tokenização, o stemming, a remoção de palavras de paragem, a lematização, etc. A tarefa de tokenização envolve a divisão de uma sequência de palavras num número de palavras chamado tokens. Existem algumas palavras como is, am, are, in, to, etc., chamadas palavras de paragem que não têm opinião, pelo que a sua remoção é benéfica. No stemming, as formas variantes das palavras são convertidas nas suas formas de base, como assisting para assist.

A etapa seguinte consiste em transformar as entradas de texto oculto em vectores de caraterísticas

(forma numérica). Esta etapa também identifica e elimina as caraterísticas que são supérfluas

ou irrelevantes da lista de caraterísticas para melhorar a classificação do sentimento

A análise de sensibilidade é a tarefa mais importante no processo de AS e tem um impacto direto no desempenho do modelo global [8] [9]. Depois disto, estas caraterísticas numéricas são dadas como entrada a qualquer uma das abordagens de AS mostradas na figura 1.1 [7], o que resulta na realização de tarefas como a classificação de sentimentos, a deteção de aspectos, etc.

1.1.2 Níveis de análise de sentimentos

Os diferentes níveis de SA, como mostra a figura 1.2, são [10][11]:

- **SA ao nível do documento:** é utilizado para obter a opinião sobre o parágrafo ou documento completo. Por exemplo, o sistema identifica se as críticas de filmes exprimem um sentimento global positivo, negativo ou neutro. No caso de comparações de vários itens, também não é adequado. A análise de sentimentos ao nível do documento enfrenta dois grandes desafios: análise entre domínios e entre línguas [12].
- **SA ao nível da frase:** é utilizada para identificar a opinião de uma única frase ou a pontuação de polaridade da frase num documento. Existe a obrigação de que cada frase represente uma única opinião sobre uma entidade. No caso de comparações de itens múltiplos, não é adequado. Além disso, nas circunstâncias em que estão envolvidas frases condicionais ou frases ambíguas, torna-se crítico efetuar a AS ao nível da frase [13].
- **SA ao nível da frase:** refere-se à extração e classificação de palavras de opinião ao nível da frase. Uma frase pode conter múltiplos aspectos ou um único aspeto. Isto pode ser útil para análises de produtos com várias linhas; neste caso, pode verificar-se que uma frase exprime apenas um aspeto. A unidade mais simples da língua é a palavra, e a subjetividade da frase ou do documento em que aparece tem uma relação direta com a polaridade da palavra. Os adjectivos aumentam significativamente a probabilidade de uma frase ser subjectiva. A frase escolhida para expressão também reflecte os traços demográficos das pessoas, como o sexo e a idade, bem como os seus desejos, estatuto social, personalidades e outros traços psicológicos e sociais. Por conseguinte, o termo estabelece as bases para a análise do sentimento do texto [14].
- **Nível de aspeto SA:** Refere-se a determinar o que um indivíduo pensa de produtos, serviços ou dos seus aspectos. A afirmação "Estou totalmente satisfeito com a imagem

qualidade do Samsung M32" denota uma visão favorável do aspeto da câmara de um

dos
os modelos da Samsung [11].

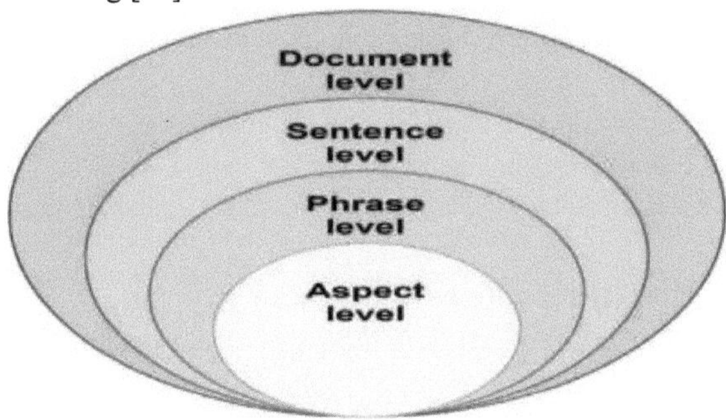

Figura 1.2. Níveis de SA

1.1.3 Análise de sentimentos baseada em aspectos (ABSA)

As três subtarefas importantes envolvidas na realização da ABSA são i) Opinião-alvo Extração de Aspectos (OTE), ii) Deteção de Categorias de Aspectos (ACD) e iii) Polaridade de Sentimentos (SP). A OTE envolve a extração de aspectos (entidades ou atributos), a ACD identifica entidades e atributos correlacionados, e a SP clarifica a polaridade do sentimento dos aspectos
identificadas através da OTE. As três subtarefas do ABSA são apresentadas na figura 1.3 [15].

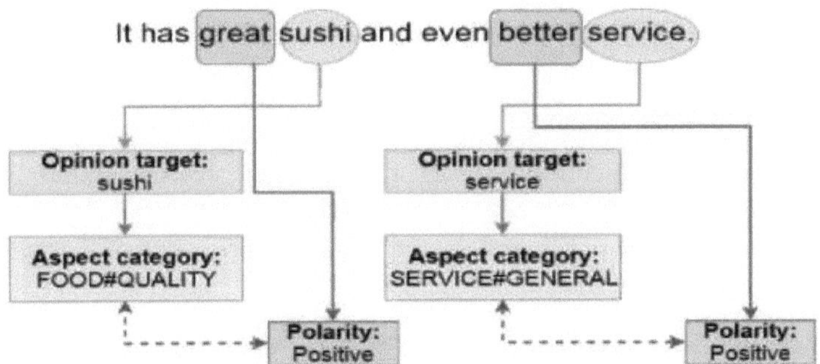

Figura 1.3. Subtarefas ABSA

O objetivo do OTE é obter o alvo de opinião, também chamado termo de aspeto, a partir de frases - na frase apresentada acima, "sushi" ou "serviço" são os alvos de opinião. Utilizando as categorias predefinidas, o objetivo do ACD é detetar a entidade - "sushi" como uma "comida" e um atributo que significa "qualidade". O SP reconhece a opinião de um aspeto alvo - "positivo" ou "negativo". Para estabelecer tanto a categoria do aspeto como a polaridade, as duas tarefas posteriores ligam-se eficazmente uma à outra, como só através da combinação de "ótimo" e "sushi".

Um aspeto pode ser implícito ou explícito, dependendo do facto de estar ou não explicitamente indicado no texto [11]. As duas revisões mencionadas abaixo são exemplos de aspectos implícitos e explícitos.

Avaliação 1: Embora este telemóvel seja muito pesado, tem um exterior maravilhoso e é um pouco barato.

Avaliação 2: A qualidade do som deste telemóvel é muito boa.

Aspeto explícito: Exterior, Qualidade de som

Aspeto implícito: Peso (indicado pela palavra "pesado"), Preço (indicado pela palavra "barato")

1.1.4 Técnicas de extração de caraterísticas

A aprendizagem das técnicas de ML tem lugar a partir dos dados de treino com base nas caraterísticas que já foram especificadas, gerando assim rendimento para os dados de teste. No entanto, o principal problema do processamento linguístico é que os métodos de DL/ML não podem realizar qualquer tarefa diretamente sobre texto não processado. É necessário utilizar determinadas técnicas de extração de caraterísticas para converter o texto em caraterísticas. Os extractores de caraterísticas mais utilizados são o Bag-of-Words (n-grama), o Term Frequencylnverse Document Frequency (TF-IDF), o Parts of Speech (PoS) tagging, o word2vec, o Doc2Vec e o GloVe (Global Vectors for Word Representation) [16].

Saco de palavras (n-grama): É uma série proximal de n palavras obtidas a partir de um determinado conjunto de dados. Quando o valor de n no modelo n-grama é 1, é referido como um unigrama, quando é 2, é referido como um bigrama, quando é 3, é referido como um trigrama, e assim por diante. "Mau" e "Muito mau", por exemplo, são unigramas e bigramas, respetivamente [17] [18].

TF-IDF: É calculado como o produto de TF & IDF, como mostrado abaixo [19]:

$$TF\,(wi, rj) = \frac{\text{Number of times wi appears in rj}}{\text{Total number of words in rj}} \qquad (2)$$

Um índice chamado Term Frequency (TF) mostra a frequência com que um termo ocorre num documento. É um método para contar o número de vezes que uma palavra wi aparece numa revisão rj, com base na contagem de palavras que aparecem na revisão rj e é calculado como:

$$TF\,(wi, rj) = \frac{\text{Number of times wi appears in rj}}{\text{Total number of words in rj}} \qquad (2)$$

A Frequência Inversa de Documentos (IDF) mede se um termo é comum ou invulgar num corpus de documentos. As pontuações IDF elevadas são atribuídas a palavras raras. Pode ser calculada dividindo o número total de documentos D de um corpus pela contagem de documentos que incluem o termo t e, em seguida, obtendo o logaritmo do termo inteiro.

$$IDF(d, D) = log\frac{|D|}{\{d \colon D\ t \colon D\}} \qquad (3)$$

A expressão {deD : ted} na equação acima representa o número total de documentos no corpus, que contém o termo t.

Uma vez que a proporção dentro da função logarítmica do IDF deve ser sempre maior ou igual a 1, o valor do IDF deve ser >= 0. Quando uma frase aparece num grande número de documentos, a proporção dentro do logaritmo aproxima-se de um, enquanto o IDF se aproxima de zero.

Se um termo aparecer num documento com uma frequência elevada e tiver uma frequência mínima de documentos no corpus, ser-lhe-á atribuída uma pontuação elevada de TF-IDF. Quando uma palavra ocorre em quase todos os documentos, o seu valor IDF aproxima-se de zero, tornando o TF-IDF mais próximo de zero. Na presença de valores elevados de TF e IDF em conjunto, o valor de TF-IDF também aumenta, indicando que o termo é pouco comum em todo o documento, mas familiar dentro dele.

Etiquetagem de partes do discurso (PdS): Refere-se ao método de categorização de palavras num corpus de textos com base no seu contexto e definições. Um token pode ser classificado como substantivo, verbo, pronome, advérbio, adjetivo e preposição. Uma frase como "Este telemóvel é fantástico" pode ser etiquetada da seguinte forma: This:determiner, cellphone:noun, is:verb, fantastic:adjective [20]. Há etiquetadores PoS disponíveis no NLTK e no Spacy que podem ser utilizados para realizar esta tarefa. O PoS-tagger de Stanford é o mais comummente utilizado na investigação [21].

Word2vec: Esta técnica de vectorização amplamente utilizada, desenvolvida por Mikolov et al., é uma rede neural (NN) de duas camadas que vectoriza tokens [22]. É uma coleção de modelos de Aprendizagem Profunda que tem como objetivo capturar a perspetiva das palavras, ao mesmo tempo que oferece uma abordagem rápida para pré-processar a entrada de texto bruto. Utilizando um grande corpus de documentos como entrada, como tweets ou notícias, este método produz um espaço vetorial com centenas de dimensões. A todas as palavras do corpus são atribuídos vectores únicos no espaço vetorial. Um espaço vetorial onde duas ou mais palavras estão próximas umas das outras é indicativo de palavras com o mesmo significado e contexto, o que é uma das ideias centrais por detrás do word2vec. Existem principalmente dois modelos no Word2vec: CBOW (saco contínuo de palavras) e SG (skip-gram). O modelo CBOW antecipa a palavra atual utilizando palavras de contexto, enquanto o modelo SG prevê palavras de contexto utilizando a palavra atual [23].

Doc2vec: É uma coleção de métodos para representar documentos como vectores de baixa dimensão de comprimento fixo. Doc2Vec é uma rede neural de três camadas que contém uma camada oculta, uma camada de entrada e uma camada de saída. O DBoW e o dmpv foram propostos como duas versões do Doc2vec. O Word2vec utiliza a aprendizagem profunda para implementar dois algoritmos: CBOW e SG; no Doc2vec, estes métodos equivalem a memória distribuída (DM) e saco de palavras distribuído (DBoW) [24].

GloVe: É um algoritmo de aprendizagem não supervisionado que obtém representações vectoriais para as palavras. A incorporação de palavras GloVe baseia-se na utilização de estatísticas para inferir a relação entre as palavras. Ao contrário da matriz de ocorrência, uma matriz de coocorrência mostra a frequência com que duas palavras aparecem juntas. Cada valor na matriz de coocorrência representa um par de palavras que aparecem juntas [25] [26]. A capacidade de implementação paralela do

GloVe torna-o um método popular [27].

1.1.5 Técnicas de análise de sentimentos

As várias técnicas e algoritmos que podem ser utilizados para a implementação de sistemas de análise de sentimentos podem ser classificados como [28]:

i) Sistemas baseados em regras: Estes sistemas utilizam regras criadas manualmente para efetuar a análise de sentimentos.

ii) Sistemas automáticos: Estes sistemas aprendem com os dados e, para tal, dependem de abordagens de aprendizagem automática/aprendizagem profunda.

iii) Sistemas híbridos: Estes sistemas são uma combinação de abordagens automáticas e baseadas em regras.

i) Abordagens baseadas em regras

Em geral, os métodos baseados em regras utilizam uma linguagem de script para definir um conjunto de regras de modo a encontrar a polaridade, a subjetividade ou o tema da opinião. As várias entradas utilizadas pelas regras são: Métodos clássicos de NLP, como marcação de parte do discurso, stemming, parsing e tokenização.

Considere o seguinte exemplo de implementação baseada em regras:

Apresentar duas listas: uma lista para palavras de polaridade negativa (como feio, pior, mau) e outra para palavras de polaridade positiva (como bonito, ótimo, bom).

Para um determinado texto:

Contar o número de palavras com polaridade positiva no texto.

Contar o número de palavras com polaridade negativa no texto.

Se a contagem de palavras positivas for maior do que a contagem de palavras negativas, isso indica uma opinião positiva, caso contrário, indica uma opinião negativa ou neutra. Este método não é muito eficaz, pois não tem em conta a forma como as várias palavras são combinadas por ordem. Pode ser efectuado um processamento progressivo adicional, mas à custa da complexidade, pois estes sistemas tornam-se rapidamente muito complexos. Além disso, como são necessárias novas regras para aumentar o apoio a novos vocábulos e expressões, esses sistemas são difíceis de manter. Além disso, a adição de novas regras pode ter consequências inesperadas como efeito da comunicação com as regras existentes. Por conseguinte, é necessário um grande esforço de manutenção e de afinação manual das regras.

ii) Abordagens automáticas

Ao contrário dos sistemas baseados em regras, as abordagens automáticas não dependem de regras criadas manualmente, mas sim de abordagens de aprendizagem automática/aprendizagem profunda. Geralmente, a tarefa de extração de opiniões é apresentada como um problema de classificação em que o texto é dado como entrada a um classificador e este produz a categoria de polaridade correspondente, por exemplo, positiva, negativa ou neutra.

A implementação do classificador ML é geralmente efectuada aplicando os passos e componentes apresentados na figura 1.4:

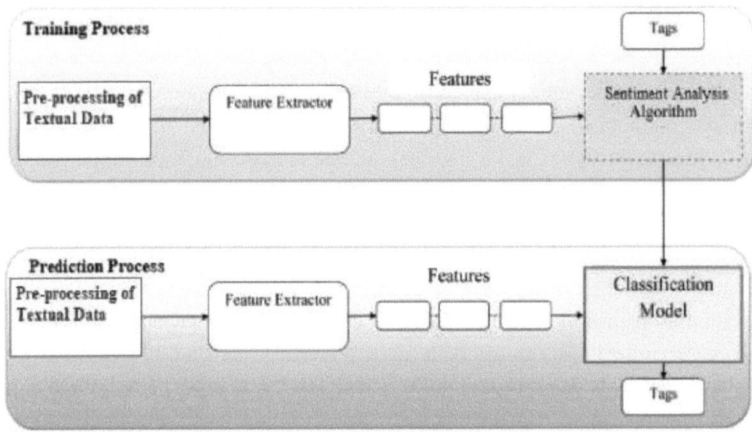

Figura 1.4. Abordagem de aprendizagem automática [29]

O funcionamento do modelo ML divide-se em duas fases: fase de formação e fase de previsão. No decurso do processo de formação, o modelo descobre a associação de um determinado texto de entrada à saída correspondente, ou seja, à etiqueta, em função das amostras de teste utilizadas para a formação. Em seguida, a entrada de texto é transformada em vetor numérico pelo extrator de caraterísticas. Finalmente, os conjuntos de vectores de caraterísticas e de etiquetas de polaridade são dados como entrada ao algoritmo de aprendizagem automática para a criação do modelo.

No processo de previsão, é utilizado um extrator de caraterísticas para converter as entradas de texto oculto em vectores de caraterísticas. Depois disso, estes vectores de caraterísticas são dados como entrada para o modelo de classificação, que cria ainda etiquetas de polaridade previstas.

As técnicas de aprendizagem automática podem ser classificadas como técnicas de aprendizagem automática não supervisionadas e supervisionadas. As técnicas de aprendizagem automática supervisionada, como Naive Bayes, Support Vetor Machine (SVM), KNN, máxima entropia, etc., utilizam um compêndio conhecido de dados de entrada (o conjunto de aprendizagem) e respostas reconhecidas aos dados (a saída) para gerar um modelo que pode calcular a resposta aos dados de entrada suplementares. Por outro lado, as técnicas de aprendizagem automática não supervisionada, como as redes neuronais, HMM, ICA, SVD, PCA, etc., detectam por si só padrões obscuros e conhecimentos nos dados. O processo é semelhante à aprendizagem que ocorre no cérebro humano à medida que se descobrem coisas novas.

A aprendizagem profunda (AP) é uma forma de AM que envolve a inferência de representações de dados através de algoritmos (redes neuronais artificiais e redes de crenças) construídos em várias camadas de módulos que analisam e classificam a entrada, com a saída de uma camada a ser alimentada na seguinte como entrada. Estas camadas são activadas pelos cálculos ponderados das camadas anteriores. Independentemente do tipo de entrada (imagem ou texto), esta é transformada em

caraterísticas numéricas (vectores), sendo depois agrupada numa classificação significativa. Todas as camadas seguintes da arquitetura DL correspondem a um nível de abstração mais elevado. A capacidade do sistema para uma representação selectiva e invariante melhora com o aumento do nível de profundidade.
Como se mostra na figura 1.5, a PNL baseada na aprendizagem profunda consiste em palavras densas incorporadas, várias camadas ocultas e unidades de saída. As incorporações de palavras são vectores numéricos densos codificados como representações d-dimensionais de palavras. A probabilidade de uma palavra aparecer numa matriz de palavras específica é determinada por estes vectores. É calculado um vetor contínuo para uma palavra e para as palavras que a precedem. Uma rede neural feed-forward utiliza esta informação para calcular a função provável da palavra seguinte. As palavras incorporadas nos modelos DNN modernos são normalmente pré-treinadas, mas não com dados específicos da tarefa, de modo a que as informações sintácticas e semânticas gerais sejam captadas para os vectores de palavras de aprendizagem. Estão disponíveis vários modelos de incorporação de palavras, incluindo o Word2Vec, que utiliza modelos de saco de palavras contínuas (CBOW) e modelos de grama de salto para codificar informações contextuais [30].
As camadas ocultas, a segunda caraterística, podem ser implementadas de várias formas e com diferentes arquitecturas, por exemplo, redes feedforward e redes recorrentes/redes recursivas. Em cada camada oculta são reunidos vários neurónios para calcular as saídas não lineares. As camadas superiores desenvolvem-se geralmente através da formação para explorar as funções não lineares de composição complexa das camadas inferiores, o que lhes permite captar uma maior abstração do que as camadas inferiores. Finalmente, as unidades de saída são uma medida da probabilidade de todas as etiquetas ou classes [31].

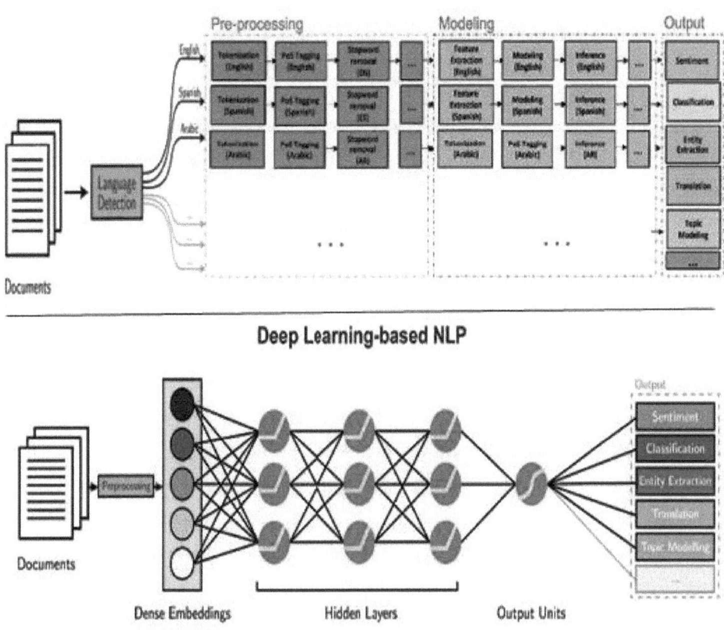

Figura 1.5. Comparação entre NLP baseada em ML e DL [15]

1.1.6 Processo de resumo da avaliação do cliente

O objetivo do resumo é transmitir as ideias-chave do texto de uma forma condensada, eliminando os dados redundantes e mantendo o significado do texto original. Como as redes sociais se tornaram um centro de informação abundante, é cada vez mais importante analisar este texto para encontrar informações e utilizá-las em benefício de várias aplicações e indivíduos. Existem essencialmente quatro tipos de resumos: resumo de um único documento, resumo de vários documentos, resumo centrado na consulta (resumo de uma consulta específica) e resumo informativo (resumo da informação completa).

1.1.6.1 Abordagens de resumo

As abordagens à sumarização são principalmente categorizadas como: abordagem extractiva e abstractiva [32] [33]. A abordagem de sumarização extractiva envolve a seleção das palavras e frases mais significativas da fonte e, em seguida, a criação de um resumo através da combinação de todas as palavras e frases significativas. Como resultado, todas as palavras e frases do resumo pertencem à fonte original do texto. Na técnica de resumo abstrativo, as frases são combinadas para criar algo novo que não está presente na fonte e são substituídas no resumo pelo novo conceito.

Estratégia de síntese extractiva

O método de resumo extrativo começa por tokenizar o texto em palavras individuais.

Após a tokenização do texto, são removidas as palavras de paragem, os símbolos especiais, etc., e é calculada a ponderação de cada palavra, sendo selecionadas para o resumo as n palavras com as pontuações mais elevadas. Como passo final, as palavras selecionadas são unidas para criar o resumo.

A principal etapa na criação de um resumo extrativo é a criação de uma representação intermédia, que destaca ou extrai as informações mais importantes do texto. Os dois principais tipos de representação são: representação de tópicos e representação de indicadores. Na representação por tópicos, a tónica é colocada na representação dos tópicos nos textos. Por outro lado, a representação de indicadores dá peso às palavras de acordo com as suas caraterísticas. A importância da palavra não depende da sua frequência, como acontece nas representações de tópicos, mas depende diretamente das suas caraterísticas [32].

Estratégia de resumo abstrativo

As técnicas de resumo abstrativo são classificadas em técnicas baseadas na estrutura e técnicas baseadas na semântica, consoante considerem a estrutura ou a semântica do texto. A abordagem baseada na estrutura utiliza modelos, regras, árvores, ontologias, gráficos, etc., para criar resumos abstractos, inserindo as informações relevantes do texto na estrutura predefinida. A abordagem baseada na semântica, por outro lado, gera o resumo abstrato a partir do texto de entrada, criando uma representação semântica e alimentando depois esta representação a um sistema de geração de linguagem natural. A representação semântica do texto é obtida através da procura dos itens de informação, da criação de gráficos semânticos ou da criação de uma estrutura predicado-argumento.

O processo de resumo abstrato consiste em três etapas: pré-processamento, inferência e geração de linguagem natural. Como parte do pré-processamento do texto, é criada a representação do texto, que inclui a identificação de entidades nomeadas, a resolução de coreferências, a etiquetagem de partes do discurso, a construção de árvores de dependência e a construção de árvores semânticas. Durante a inferência, uma representação do texto é aprendida a partir da etapa de pré-processamento. Os principais passos desta etapa são a fusão, a eliminação e a aplicação de alguns modelos de aprendizagem, como as redes neuronais. A etapa final envolve a geração de linguagem natural, que gera um resumo gramaticalmente preciso do texto [33].

1.2 Aplicações da análise de sentimentos

A AS pode ser utilizada para muitos fins, desde a análise das opiniões dos clientes até à avaliação da saúde mental dos doentes com base em publicações nas redes sociais. Além disso, a AS é praticamente aplicável a qualquer disciplina devido aos avanços tecnológicos em domínios como blockchain, computação em nuvem, IoT e big data. A Figura 1.6 apresenta algumas das aplicações mais populares da análise de sentimentos [34]. Seguem-se alguns domínios e indústrias imperativos onde a análise de sentimentos é aplicada:

Inteligência empresarial: Há muitas vantagens em empregar técnicas de SA na inteligência empresarial. As empresas podem utilizar os resultados da análise de sentimentos, por exemplo, para melhorar os produtos, avaliar o feedback dos consumidores ou criar campanhas de marketing. A utilização mais comum da análise de sentimento no business intelligence é investigar as percepções dos clientes sobre serviços e produtos. No entanto, estas análises não são apenas úteis para os fabricantes; os consumidores podem utilizá-las para comparar produtos e fazer melhores escolhas também [35].

Análise das avaliações: A quantidade de produtos vendidos e as opiniões dos clientes publicadas em linha estão a crescer exponencialmente com a evolução da indústria do comércio eletrónico. Essas críticas podem ser avaliadas utilizando estruturas baseadas em SA para ajudar os consumidores a escolherem melhores produtos. A avaliação automática dessas opiniões também pode ajudar um empresário a descobrir as opiniões dos clientes sobre o produto mais recente de uma empresa depois de este ter sido lançado. Podem ser selecionadas palavras de opinião para uma caraterística específica do produto (comida, limpeza, serviço) e pode ser treinada uma estrutura de AS para a análise e classificação da informação necessária [36].

Domínio dos cuidados de saúde e da medicina: Recentemente, a análise de sentimentos tem sido utilizada neste sector, entre outros. Os prestadores de cuidados de saúde podem utilizar esta aplicação para recolher e avaliar o estado de espírito dos doentes, epidemias, reacções adversas a medicamentos e doenças, a fim de melhorar os serviços de saúde. Os autores de [37] utilizaram tweets do Twitter relativos a experiências de doentes como complemento da sua análise de questões de saúde pública. Utilizando a Streaming API do Twitter, os autores produziram quase 5 milhões de tweets sobre cancro da mama ao longo de um ano. Após o pré-processamento, um classificador típico de regressão logística (LR) e um modelo CNN foram utilizados para categorizar os tweets. Os resultados positivos dos tratamentos, a mobilização de apoios e a sensibilização para o problema estavam todos relacionados.

Análise do mercado de acções: As tendências dos preços das acções podem ser previstas através da análise de todas as notícias sobre o mercado de acções. Os dados podem ser recolhidos a partir de uma variedade de fontes, incluindo blogues, artigos de notícias, Twitter, etc. Estes textos podem ser submetidos a uma análise de sentimentos ao nível das frases, após o que se pode determinar a polaridade geral dos textos relacionados com notícias sobre uma determinada empresa [38].

Monitorização dos meios de comunicação social: A análise do sentimento dos dados dos meios de comunicação social permite seguir o sentimento dos clientes em tempo real, 24 horas por dia, sete dias por semana. Isto permite às empresas responder rapidamente a comentários negativos e melhorar a sua reputação quando recebem menções positivas. Além disso, recolhe dados contínuos e consistentes sobre os clientes, permitindo que os decisores acompanhem o seu crescimento ao longo do tempo. As publicações nas redes sociais apresentam normalmente algumas das opiniões mais sinceras sobre bens e serviços,

e empresas, uma vez que os utilizadores partilham livremente as suas ideias.

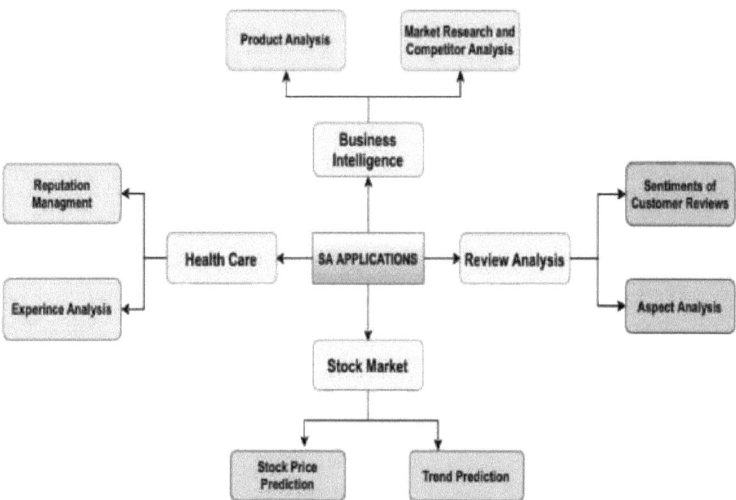

Figura 1.6. Aplicações da SA

1.3 Motivação

Recentemente, os investigadores têm vindo a interessar-se mais pela análise de sentimentos para diversos fins, pelo que é necessário um quadro que possa tratá-la de forma eficiente e, ao mesmo tempo, garantir a sua escalabilidade. Para melhorar a representação e a classificação das caraterísticas, foi investigada uma variedade de métodos que utilizam técnicas de ML e DL. Como um número significativo de críticas em linha contém conteúdo fraudulento, sarcástico, spam, emoticons e negativo, a extração de caraterísticas é um desafio. Os métodos de aprendizagem profunda para a classificação de sentimentos são mais eficientes do que as técnicas de aprendizagem automática, de acordo com o estudo efectuado no trabalho proposto. Pensa-se que a precisão dos algoritmos de aprendizagem profunda é determinada em grande medida pelo conjunto de caraterísticas.

De acordo com as conclusões dos estudos, as abordagens baseadas na análise de sentimentos [39-48] são insuficientes para lidar com as questões da representação exacta de sentimentos, opiniões e emoções das críticas em linha. Consequentemente, as abordagens de análise de sentimentos baseadas em aspectos [39-48] recentemente propostas são também estudadas, mas o seu âmbito ou aplicação é limitado. Em termos de representação de caraterísticas, é difícil conseguir uma representação eficaz, uma vez que as caraterísticas relacionadas com os aspectos apenas abordam frases ambíguas e sarcásticas, mas não têm em conta emoções, negações, opiniões, etc.

Para além destas questões, não foram utilizados conjuntos de dados de revisão escaláveis para avaliar as abordagens ABSA. Algumas abordagens ABSA basearam-se principalmente em procedimentos não supervisionados, necessitando de um número significativo de anotações manuais de dados. Como alguns algoritmos SA/ABSA se baseiam apenas na extração de caraterísticas simbólicas, a sua precisão é prejudicada. Em comparação com as técnicas de ML ou as técnicas baseadas no léxico, as técnicas de DL oferecem uma escalabilidade e eficiência superiores

1.4 Definição do problema

Atualmente, verifica-se um crescimento significativo de várias aplicações em linha utilizadas pelos utilizadores finais, o que leva à publicação de um grande número de críticas em linha relacionadas com um determinado artigo ou produto adquirido. As críticas dos clientes fornecem informações valiosas sobre as suas necessidades e satisfação. Essas avaliações são amplamente utilizadas por empresas como restaurantes e comércio eletrónico para aumentar a sua produtividade através do estudo de avaliações específicas de produtos e serviços. Além disso, as críticas podem ser utilizadas para analisar exaustivamente a concorrência. Desde a última década, foram introduzidos vários métodos de análise de sentimentos, mas, devido ao grande volume, à escalabilidade e à precisão, torna-se difícil efetuar a análise de sentimentos utilizando os termos de aspeto e as caraterísticas principais. O modelo híbrido, automático, robusto e eficiente de sumarização de críticas de clientes relativamente à SA, utilizando uma metodologia baseada em aspectos, é o principal objetivo de investigação deste trabalho.

Os objectivos do nosso modelo de resumo das opiniões dos clientes são:

- Estudar as técnicas existentes para Análise de Sentimentos em textos da web.
- Propor um novo modelo para a Análise de Sentimentos em aplicações: Produtos e Restaurantes.
- Extração de caraterísticas de comentários de clientes através de um modelo padrão.
- Comparação do modelo desenvolvido com outros modelos existentes.

1.5 Contribuições para a investigação

Neste trabalho, é proposta uma nova estrutura de classificação e sumarização automática de sentimentos. O modelo SADL-CRS sugerido neste trabalho é composto pelas fases de pré-processamento, extração de caraterísticas, classificação DL e sumarização. De seguida, apresentam-se algumas contribuições que demonstram a novidade do modelo SADL-CRS proposto:

- Esta é a primeira estrutura consolidada para a classificação eficiente de sentimentos, seguida de um resumo automático de críticas a partir das críticas de entrada, utilizando a abordagem híbrida de extração de caraterísticas, classificação LSTM e algoritmo CRS robusto.

-Para enfrentar os desafios das ambiguidades/sarcasmo, emoções, sentimentos e opinião através da extração de caraterísticas, é proposta uma nova abordagem híbrida de extração de caraterísticas utilizando ARF e RRF. A técnica ARF codifica as caraterísticas de forma a abordar frases ambíguas e sarcásticas numa recensão. Como parte da RRF, são utilizados vários métodos como o n-grama, a frequência de termos - frequência inversa de documentos (TF-IDF), polaridades de emoticons para tornar as representações emocionais mais exactas.

- O classificador LSTM é treinado com três conjuntos de dados diferentes para a classificação das avaliações de entrada em classes negativas, positivas ou neutras.
- Neste trabalho, é proposto um algoritmo robusto para o CRS automático a partir da revisão de entrada. Para produzir a sumarização da revisão de entrada, utilizámos revisões pré-processadas, resultados calculados por ARF e classificador LSTM.
- São apresentados resultados experimentais exaustivos para a avaliação dos métodos SA e CRS propostos utilizando diferentes conjuntos de dados.

1.6 Organização da tese

A Figura 1.7 mostra o esquema da tese de investigação. A tese está organizada da seguinte forma:

- O Capítulo 2 aborda em pormenor o trabalho de investigação relacionado com o domínio da sumarização das críticas dos clientes e da análise de sentimentos. Este capítulo abrange um levantamento exaustivo que descreve diferentes técnicas de análise de sentimentos, técnicas de análise de sentimentos baseadas em aspectos, técnicas emergentes de SA/ABSA baseadas em aprendizagem profunda e técnicas de resumo de críticas. Cada estratégia descreve ainda as várias técnicas e algoritmos utilizados. As várias lacunas de investigação são também identificadas e discutidas neste capítulo.
- O capítulo 3 descreve em pormenor a compreensão do novo algoritmo proposto para efetuar a extração de caraterísticas híbridas para a análise do sentimento do cliente. O vetor de caraterísticas híbridas é então dado como entrada para os diferentes classificadores ML e DL. Verifica-se que o classificador DL (Long Short-Term Memory (LSTM)) dá melhores resultados e é utilizado para classificar os sentimentos como positivos, negativos ou neutros. Apresenta também os resultados experimentais que comprovam a eficácia do modelo RASADL proposto.
- O capítulo 4 propõe um novo modelo RASADL-CRS que analisa automaticamente os comentários de entrada em bruto e gera o resumo dos sentimentos. O RASADL-CRS lida eficazmente com vários problemas, como a fraca precisão do SA causada por métodos ineficazes de extração de caraterísticas, a fraca eficiência computacional e a falta de escalabilidade. Apresenta também os resultados experimentais que comprovam a eficácia do modelo CRS proposto utilizando o modelo RASDAL. O quadro RASADL melhora o desempenho do SIR, tornando assim o sistema robusto.
- O Capítulo 5 apresenta a comparação do modelo RASADL-CRS proposto com algumas das abordagens SA/ABSA recentes e abordagens de sumarização de texto utilizando os parâmetros - precisão, recordação, F1-score, AUC, ROUGE-1, ROUGE-2 e ROUGE-L.
- O capítulo 6 conclui a tese com as futuras orientações de investigação, seguidas de uma bibliografia relativa a este trabalho de investigação.

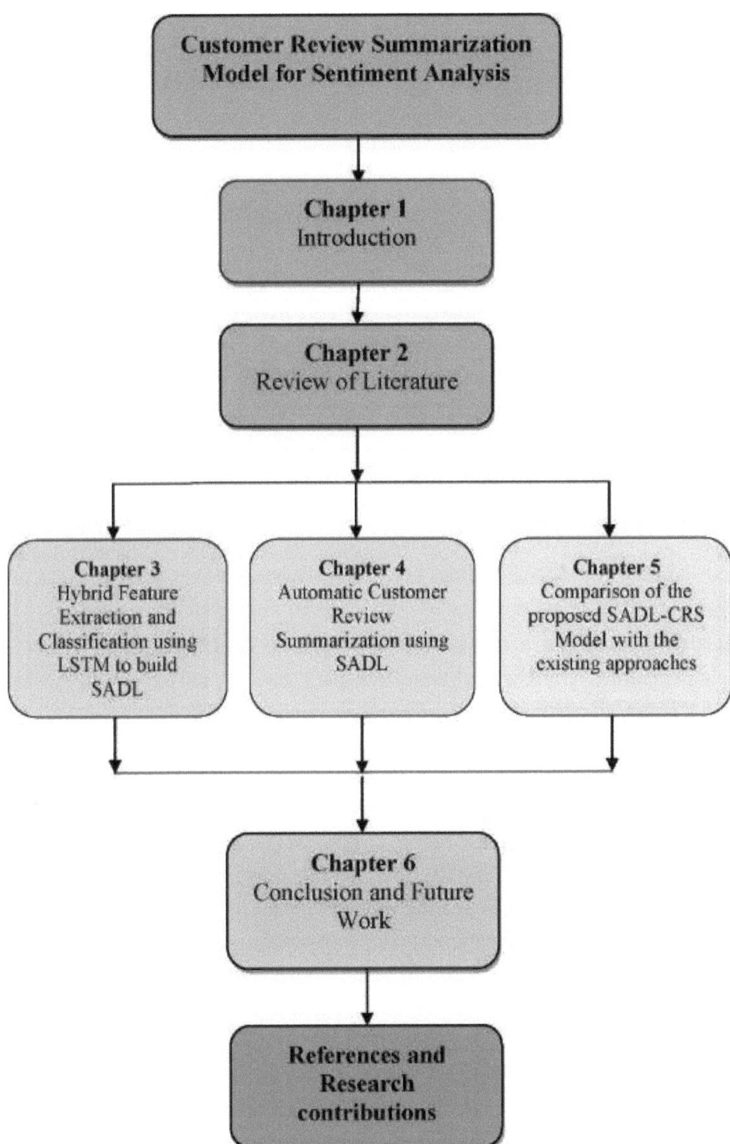

Figura 1.7. Esboço da tese

Capítulo 2

REVISÃO DA LITERATURA

Este capítulo fornece uma revisão abrangente da investigação existente, bem como da investigação significativa de décadas anteriores sobre vários métodos electrónicos de extração de texto e de resumo de opiniões. Embora exista um vasto conjunto de trabalhos de investigação para a extração e sumarização de opiniões, a revisão de toda a literatura existente não é apresentada, uma vez que o objetivo desta tese é abordar as questões relacionadas com sarcasmo, ruído, caraterísticas não fiáveis e emoticons. O modelo Customer Review Summarization (CRS) divide-se principalmente em duas fases: extração de comentários e resumo de comentários. As opiniões de cada utilizador são classificadas como negativas, positivas ou neutras na extração de opiniões. Na sumarização de críticas, um resumo conciso das críticas correspondentes é formulado automaticamente com base nos resultados da etapa de extração de críticas. O capítulo apresenta a metodologia utilizada para efetuar a revisão da literatura, a revisão de vários métodos de análise de sentimentos (SA) e de análise de sentimentos baseada em aspectos (ABSA) e a revisão de vários métodos de resumo, juntamente com a discussão dos seus desafios. Os desenvolvimentos recentes e as lacunas de investigação relativamente aos mesmos são também discutidos neste capítulo.

2.1 Metodologia para a realização da revisão da literatura

Metodologicamente, a análise bibliográfica para este estudo envolveu a recolha e análise do material pertinente. A informação foi recolhida através de serviços de indexação científica baseados na Web, como o Web of Science e o Scopus, bem como de bases de dados científicas como o IEEE Xplore, o ScienceDirect e o MDPI. Os principais termos relacionados com as doenças das folhas das plantas foram separados em dois grupos, como se segue: Foram utilizadas bases de dados científicas como IEEE Xplore, ScienceDirect, MDPI, bem como serviços de indexação científica baseados na Web, como Web of Science e Scopus, para recolher os dados. Os

As palavras-chave proeminentes no que diz respeito à análise de sentimentos baseada em aspectos foram separadas em duas partes, nomeadamente: palavra-chave primária e secundária. A Tabela 2.1 enumera as palavras-chave escolhidas para a técnica de pesquisa desta investigação.

Tabela 2.1 Seleção de palavras-chave de pesquisa para o resumo de críticas de clientes utilizando técnicas de análise de sentimentos

Palavra-chave primária	"resumo da avaliação do cliente"
Palavra-chave secundária utilizando (AND)	"Análise do sentimento"
Palavras-chave secundárias utilizando (OR)	"análise de sentimentos baseada em aspectos", "classificação", "deteção", "resumo de texto", "extração de caraterísticas", "caraterísticas híbridas", "aprendizagem automática",

	"aprendizagem profunda"

A avaliação da literatura é efectuada utilizando o método Preferred Reporting Items for Systematic Reviews and Meta-Analysis (PRISMA) [39]. A seleção de artigos da IA aplicada à sumarização da revisão do cliente foi o critério de inclusão utilizado para a referida técnica. O diagrama de fluxo PRISMA, apresentado na Figura 2.2, mostra como a investigação é efectuada em cada fase do processo de revisão.

Foram considerados apenas os manuscritos publicados em conferências e revistas entre 2009 e 2022. Os artigos que não forneceram elementos descritivos suficientes para o método utilizado foram filtrados dos resultados. Desta forma, o número total de documentos foi reduzido para 118. Cada trabalho foi então avaliado à luz da estratégia global, da IA, do ML, do DL e das técnicas híbridas utilizadas.

A figura 2.1 representa a investigação efectuada em diferentes conjuntos de dados durante os últimos dez anos. Mostra que a distribuição de trabalhos anteriores relacionados apenas com o conjunto de dados de produtos é maior, enquanto outros conjuntos de dados, como críticas de restaurantes, críticas de notícias, críticas de produtos e restaurantes, etc., são menos investigados.

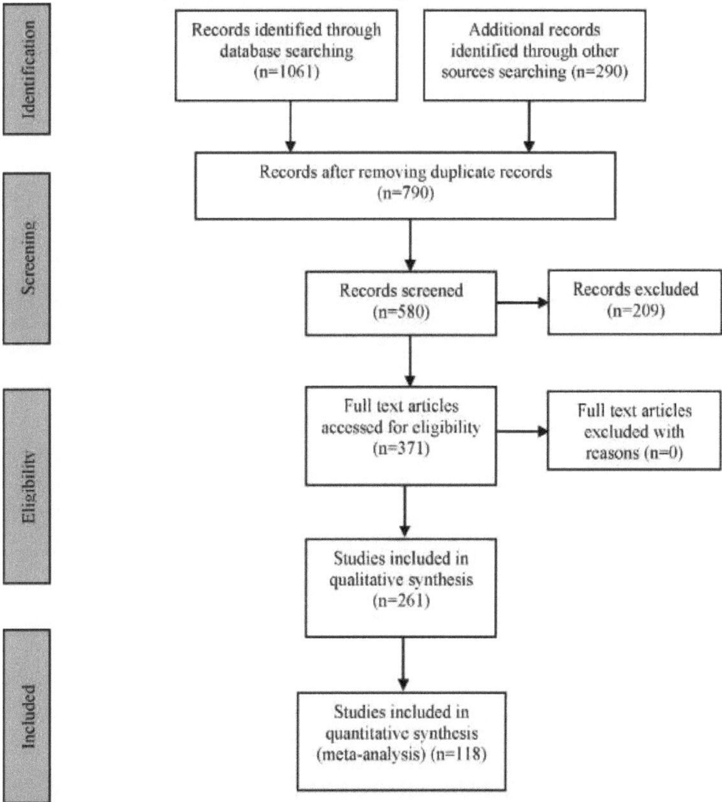

Figura 2.1. A abordagem PRISMA (Preferred Reporting Items for Systematic

Reviews and Meta-Analysis)

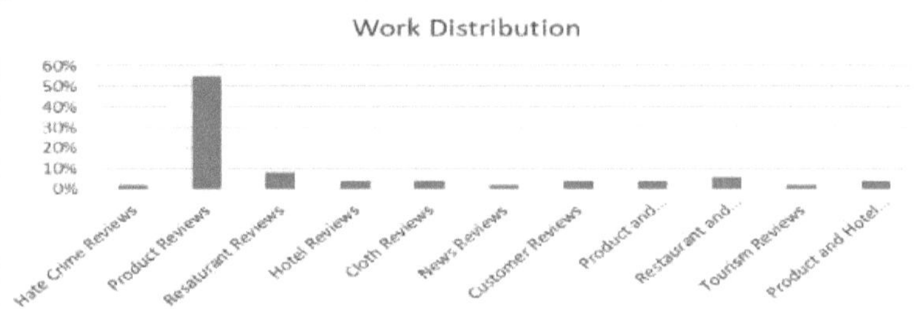

Figura 2.2. Distribuição de trabalhos anteriores em diferentes domínios [40]

2.2 Técnicas de análise de sentimentos (SA)

Esta secção centra-se no estudo de vários trabalhos recentes realizados no âmbito da SA [41-55].

O algoritmo SentiDiff, proposto em [41], combina informação textual com padrões de difusão de sentimentos para melhorar os resultados da análise de segurança nos dados do Twitter. Para analisar a difusão de sentimentos, os autores começaram por investigar um fenómeno designado por inversão de sentimentos e descobriram várias propriedades interessantes associadas às inversões de sentimentos. Em seguida, consideraram as associações entre a informação textual nas mensagens do Twitter e os padrões de difusão de sentimentos para prever as polaridades de sentimentos das mensagens do Twitter. Experiências extensivas num conjunto de dados do mundo real mostram que a abordagem proposta melhora a região sob a curva Precisão-Recall na tarefa de classificação de sentimentos do Twitter, quando comparada com as técnicas de análise de sentimentos baseadas em informações textuais de última geração.

Em [42], os autores propuseram uma abordagem única designada por CrossWord que lida com problemas de codificação de sentimentos entre domínios utilizando a técnica de incorporação estocástica de palavras. O método proposto fornece uma forma melhorada de prever associações de semelhança probabilística entre palavras pivot e as palavras no domínio de origem, para além de avaliações rotuladas no domínio de origem e avaliações não rotuladas em ambos os domínios.

SentiVec, um método de otimização de kernel para a incorporação de palavras de sentimento, é proposto em [43]. A primeira fase deste estudo envolve a aprendizagem supervisionada, enquanto a segunda fase envolve modelos de atualização não supervisionados, como os modelos de recompensa objeto-palavra-para-palavra envolvente (O2SR) e os modelos de recompensa contexto-para-palavra-objeto (C2OR). Os resultados experimentais demonstram que os vectores de sentimento óptimos recuperam eficazmente as caraterísticas em termos de semântica e de análise de sentimento, superando as abordagens de base em tarefas como a analogia de palavras, a semelhança e a análise de sentimento. Em [44], é proposta uma técnica de otimização mínima sequencial. Esta abordagem de ML baseada na otimização é dividida em três passos: Recolha e pré-processamento de dados, otimização das caraterísticas extraídas e categorização do conjunto de treino revisto em várias classes utilizando diferentes técnicas de ML.

O modelo BERT (Bidirectional Encoder Representations from Transformers) é utilizado para classificar os pensamentos públicos sobre a Covid-19 em [45]. Neste artigo, os autores efectuaram SA em dois conjuntos de dados: um conjunto de dados contém tweets de indivíduos de todo o mundo, enquanto o outro conjunto de dados inclui tweets de indivíduos da Índia. Em [46] é proposto um novo método, designado por método de previsão de classificações baseado no sentimento, para desenvolver um sistema de recomendação, que é capaz de extrair conhecimentos úteis das opiniões dos utilizadores para prever os detalhes exactos adorados pelos utilizadores com base nas suas classificações. Neste modelo, as opiniões dos utilizadores sobre um item são calculadas utilizando um dicionário de sentimentos. Além disso, as reputações dos itens são calculadas utilizando os três sentimentos para antecipar e produzir sugestões corretas. Para uma classificação eficiente das avaliações publicadas em plataformas de redes sociais, a metodologia n-grama é incluída como uma caraterística contemporânea na análise semântica e na sintaxe, juntamente com o SVM, para aumentar a precisão dos resultados.

Os autores utilizaram a técnica de extração de caraterísticas n-grama e a máquina de vectores de apoio (SVM) como método de previsão em [8]. É explorada uma variedade de classificadores e conjuntos de caraterísticas para realizar a quantificação de sentimentos e, em seguida, com base no conjunto de caraterísticas, é efectuada uma avaliação empírica do desempenho das abordagens tradicionais de ML, dos métodos baseados em conjuntos e dos métodos de aprendizagem profunda (DL) mais avançados. Os resultados revelam que diferentes conjuntos de caraterísticas têm um impacto no desempenho do classificador na quantificação de sentimentos. As conclusões também demonstram que os métodos de aprendizagem profunda superam os algoritmos tradicionais de ML. A análise de 104 aplicações de saúde mental na loja de aplicações e no Google Play com a ajuda de cinco técnicas de ML supervisionadas: SVM, Multinomial Naive Bayes (MNB), SGD, LR e RF para realizar a classificação do sentimento em 88125 avaliações de utilizadores é realizada em [47]. O classificador com melhor desempenho foi depois empregue para prever a polaridade do sentimento dos comentários.

Em [48], é proposta uma estratégia de redução de caraterísticas baseada num Algoritmo Genético (AG) para uma análise eficiente dos sentimentos. Neste artigo, os autores propuseram uma estrutura unificada que preenche a lacuna entre as abordagens baseadas no léxico e na aprendizagem automática para aumentar a escalabilidade e a precisão.

Em [49], os autores utilizaram a técnica de extração de caraterísticas Bag of Words (BoW) para obter caraterísticas de críticas de filmes publicadas online e expressaram essas caraterísticas como um vetor. Depois, os autores utilizaram a técnica Naive Bayes ML para categorizar as críticas de filmes expressas na forma de vectores de caraterísticas em classes positivas e negativas. Depois disso, utilizando as semelhanças semânticas entre as frases das críticas categorizadas, foi criada uma rede ponderada não dirigida, em que os nós do gráfico representam as frases das críticas e as arestas do gráfico indicam o peso da semelhança semântica. A medida absoluta para todas as frases de revisão no gráfico foi calculada utilizando o algoritmo de classificação baseado em gráficos ponderados (WGRA). No final, o resumo extraído foi criado selecionando as frases mais bem classificadas (nós do gráfico) com base nas medidas de classificação mais elevadas.

O Quadro 2.2 apresenta as conclusões adicionais da análise da literatura relacionadas com a AS.

Quadro 2.2 Conclusões adicionais da revisão da literatura relacionadas com a AS

Referência	**Metodologia**	**Conjunto(s) de dados**	**Exatidão**
Yang et al. (2020) [50]	Modelo SLCABG (léxico de sentimentos em combinação com a CNN e o modelo BidirectionalGated baseado na atenção) Unidade Recorrente (BiGRU))	Avaliação do livro real de dangdang.com (a famoso sítio Web chinês de comércio eletrónico)	93.5%
Yinglin Wang et al. (2020) [51]	Campo aleatório condicional (CRF)	Corpus de análise de automóveis chineses	87.1%
Zhao et al. (2018) [52]	Fracamente supervisionado Profundo Incorporação (WDE)	Cliente Amazon análises de 3 domínios: câmaras digitais, telemóveis e computadores portáteis	87.9%
Xu et al. (2019) [53]	Mundo aberto Aprendizagem (OWL)	Conjuntos de dados da Amazon	81.76%
Porntrakoon et al. (2018) [54]	indemnização Técnica de sentimento (SenseComp)	Avaliações de portáteis da Amazon e avaliações do Yelp Dataset Challenge	93.60%
Novgorodov et al. (2019) [55]	Classificação K-means	Conjuntos de dados sobre moda e motores.	92.2%

2.3 Técnicas de análise de sentimentos baseada em aspectos (ABSA)

A extração de termos de aspeto tem atraído a atenção dos investigadores como um método robusto para melhorar a precisão da AS. As representações exactas e fiáveis de caraterísticas constituem uma questão de investigação importante para a extração de resenhas devido à prevalência de sarcasmo, sentimentos, emoções e caraterísticas relacionadas com a opinião. Os investigadores têm prestado muita atenção à extração de termos de aspeto para criar o vetor de caraterísticas, uma vez que melhora significativamente a precisão da RM e da RS. Recentemente, foram propostos vários estudos sobre ABSA [56-70].

Como parte da estrutura de tratamento de texto sugerida, os autores propuseram dois métodos para descobrir os aspectos em [56]. O primeiro método é um algoritmo não supervisionado que extrai categorias de aspectos a partir de dados de frequência de coocorrência obtidos de um corpus utilizando a extração de regras de associação. A abordagem não supervisionada sugerida tem um desempenho superior ao de muitas linhas de base simples, com uma medida F1 de 67%. O segundo método dos autores, uma variante supervisionada, tem um desempenho superior ao das abordagens existentes, com uma medida F1 de 84%.

Em [57], é proposto um método híbrido ABSA que integra léxicos e regras do domínio para avaliar as entidades das avaliações de aplicações inteligentes. Esta abordagem utiliza léxicos, regras e abordagens de processamento de linguagem para resolver uma série de dificuldades de análise de sentimentos, ao mesmo tempo que produz um resumo das conclusões. Os resultados mostram que a precisão da extração de aspectos aumenta significativamente quando são considerados aspectos implícitos.

Um mecanismo de alinhamento grosseiro denominado Cross-Lingual Sentiment Classification (CLSC) é proposto em [58] para criar um sistema de granularidade fina ao nível dos aspectos a partir de um alinhamento de tópicos grupo a grupo. Este modelo não supervisionado de unificação de aspectos, opiniões e sentimentos (AOS), trimodela aspectos, opiniões e sentimentos de críticas de vários domínios e utiliza uma abordagem de alinhamento grosseiro para ajudar a obter uma representação mais precisa de caraterísticas latentes. Para melhorar ainda mais o AOS, os autores propuseram o ps-AOS, um modelo AOS parcialmente supervisionado em que os dados rotulados da língua de origem são utilizados para reduzir a diferença nas representações de caraterísticas em dois domínios linguísticos através de regressão logística.

Para otimizar a análise de sentimentos baseada no aspeto, um dos principais desafios das palavras bipolares na AS é abordado em [59]. Este estudo de investigação examinou as palavras que mudam de polaridade na presença de contexto, o seu impacto na classificação geral do produto, bem como o aspeto, e chegou a resultados impressionantes. Em [60], é proposto um método automático para calcular os sentimentos de aspectos dinâmicos a partir de críticas geradas por clientes, recolhidas através de múltiplas fontes, utilizando a recolha de dados da Web para resolver o problema do arranque a frio. Ao acrescentar novas palavras de paragem ao sistema, os autores melhoraram a precisão do sistema.

Uma técnica centrada na aprendizagem não supervisionada: A técnica LISA (Language Independent aspect-based SA) é sugerida em [61] para resolver o desafio da complexidade do custo e do tempo. O método baseia-se em três fases de granularidade grosseira que são divididas num número de processos de granularidade fina. Na primeira fase, o conhecimento prévio do domínio é extraído do conjunto de dados utilizando o léxico de polaridade preliminar e conjuntos de palavras de aspeto, que servem como representações de aspectos. Depois, com base no aspeto e na emoção de uma palavra, determina-se a sua probabilidade. Na terceira fase, é determinada a polaridade de cada aspeto. O ABSA de ponta a ponta é investigado em [62], e é proposto um modelo único de rede multitarefa e multivisão (MTMVN). O modelo dá prioridade ao ABSA unificado como tarefa principal, com as duas sub-tarefas: extração de termos de aspeto e previsão de opiniões de aspeto como tarefas auxiliares.

Em [63], os autores utilizaram a análise de avaliações baseada em aspectos para compreender diversas avaliações de hospitais em linha. Os autores utilizaram os aspectos: serviços médicos, serviços do pessoal, preços acessíveis e instalações para comparar os diferentes hospitais, de modo a que a informação relevante possa ser fornecida aos pacientes. Em [64], é apresentada uma nova técnica ABSA chamada Ensembler Evolutivo (EEn) para melhorar a diversidade e a precisão de classificadores com várias etiquetas. O EEn baseado em ABSA realçou a exatidão e a variedade dos modelos multi-rótulo. Para avaliar a precisão e a variedade dos aprendizes que utilizam ML e para produzir previsões precisas e diversificadas, o EEn optimiza dinamicamente duas funções objetivo utilizando uma técnica de otimização evolutiva multi-objetivo. Os autores de [65] propuseram um esquema de formação eficiente em termos de etiquetas (LETS) para promover um progresso rápido, eliminando os esforços de etiquetagem manual. Os autores aplicaram o LETS a um novo caso de utilização do ABSA para analisar as revisões de um programa relacionado com a saúde para ajudar as pessoas a conseguir uma melhor qualidade de sono.

Em [66] é proposto um modelo de extração de aspectos baseado na sintaxe contextualizada (CSAE) que emprega o método de auto-atenção para conseguir uma aprendizagem sintáctica através da exploração de aspectos gramaticais da frase. Para melhorar a eficiência do extrator de aspectos, os autores integraram os embeddings part-of-speech, embeddings baseados em dependências, e embeddings contextualizados (e.g. BERT, RoBERTa). Os autores também propuseram o conceito de distância sintáctica relativa para reduzir o impacto negativo de palavras não relacionadas ou termos que não têm uma forte ligação sintáctica com as palavras de aspeto. Isto ajudou a melhorar a precisão do classificador de sentimento de aspeto.

O quadro 2.3 apresenta as conclusões da análise da literatura adicional relacionada com a ABSA.

Quadro 2.3 Conclusões adicionais da análise da literatura relacionadas com a ABSA

Ano, Autor [citação]	**Metodologia**	**Conjunto(s) de dados**	**Exatidão**
Bing Wang et al. (2022) [67]	Cruzamento contrastivo Dados do canal Aumento	Conjunto de dados de restaurantes e computadores portáteis do SemEval 2014	86,93% de precisão para restaurante
	(C^3 DA)		e 80,61% de precisão para o

			conjunto de dados do Twitter
Yuanhe Tian et al. (2021) [68]	Gráfico convolucional sensível ao tipo Redes (T-GCN)	REST 16 e conjunto de dados do Twitter	92,97% de precisão para o conjunto de dados de restaurantes e 78,03% de precisão para o conjunto de dados do Twitter
Kai Wang et al. (2020) [69]	Rede de atenção de grafos relacionais (R-GAT)	Conjuntos de dados do restaurante SemEval 2014 e do Twitter	86,6% de precisão para o conjunto de dados de restaurantes e 76,15% de precisão para o conjunto de dados do Twitter
Binder Markus et al. (2019) [70]	Órbita ordenada generalizada modelo [10]	Conjunto de dados de restaurantes da cidade de Nova Iorque	84.23%

2.4 Técnicas emergentes de SA/ABSA baseadas na aprendizagem profunda

Recentemente, os métodos DL emergentes [71-81] foram também aplicados ao domínio SA/ABSA para aumentar ainda mais a eficiência

Em [71], os autores propuseram uma técnica para ABSA que integra três abordagens: a geração de ontologias para extrair caraterísticas semânticas, a utilização do Word2vec para transformar corpora processados e a construção de redes neuronais convolucionais (CNN) para a extração de opiniões. A afinação dos parâmetros das CNN é efectuada utilizando a otimização por enxame de partículas para encontrar valores óptimos da frente de Pareto não dominante.

A primeira estrutura de Aprendizagem Multi-tarefa Supervisionada por Semi (SEML) de ponta a ponta para a realização de ABSA em avaliações de utilizadores é proposta em [72]. Tanto a extração de aspectos como a classificação de sentimentos de aspectos no ABSA são aprendidas em conjunto numa sessão conjunta. O SEML utiliza o MAGRU (Moving-window Attentive Gated Recurrent Units) para criar representações combinadas de avaliações a partir de três camadas neurais empilhadas e bidireccionais. A MAGRU expande a GRU com o mecanismo de atenção de janela móvel para obter contextos semânticos envolventes substanciais. O modelo proposto também usa o Cross-View Training (CVT) para treinar módulos auxiliares de previsão em avaliações não rotuladas para melhorar a aprendizagem da representação.

Em [73], os autores apresentaram a categorização da polaridade e a extração de sentimentos a partir de comentários de entrada para um ABSA eficaz. Foram utilizados algoritmos DL e ML para extrair automaticamente as caraterísticas de polaridade interessantes com base nas preferências do cliente. A rede convolucional de grafos com base em aspectos (AGGCN) sugerida em [74] inclui uma porta de aspeto particular para guiar a codificação de informação específica de aspectos e emprega uma rede convolucional de grafos construída sobre a árvore de dependência de frases para utilizar plenamente as dependências de sentimentos e a informação sintáctica.

O ABSA para tweets de desmonetização é efectuado utilizando o método DL melhorado em [75]. A recolha de dados e o pré-processamento do conjunto de dados Kaggle, a extração de aspectos, as caraterísticas de polaridade e a categorização do sentimento são fases do modelo proposto. Com o apoio do cálculo da medida de polaridade e do Word2vec, as palavras de aspeto recuperadas são transformadas em caraterísticas. Os autores optimizaram as medidas de polaridade integrando o Algoritmo FireFly (FF) e a Otimização Multi-Versos (MVO), produzindo um novo método denominado Optimizador Multi-Versos orientado para o FireFly (FF-MVO). Uma Rede Neural Recorrente (RNN) é então aplicada às caraterísticas combinadas para a classificação dos sentimentos.

Os autores de [76] sugeriram um novo método para ABSA utilizando o classificador de aprendizagem profunda LSTM-RNN. Verificou-se que o LSTM-RNN híbrido analisa e prevê a polaridade dos aspectos com o mais elevado grau de precisão. Além disso, o principal resultado é a extração correta de múltiplos aspectos a partir de críticas longas com muitas frases. O trabalho proposto em [77] inclui o tratamento de texto code-mix e a construção de um classificador para determinar a polaridade do sentimento. Para detetar as opiniões de tweets com mistura de códigos com maior precisão, o classificador baseado em DL reuniu uma variação multilingue de uma incorporação ao nível da frase e RoBERTa do Universal Sentence Encoder.

Em [78], os autores analisaram os dados do Twitter com base em palavras-chave de hashtag: coronavírus, COVID-19, mortes, novos casos e recuperados. Neste artigo, foi efectuada uma análise dos dados do Twitter para determinar se tinha algum impacto na saúde mental das pessoas. Utilizando RNN e SVM, os autores classificaram as pontuações de sentimento como negativas, positivas ou neutras. Os autores em [79] apresentaram uma comparação de referência de vários modelos de DL, como CNN, RNN e LSTM bidirecional, avaliados usando diferentes técnicas de incorporação de palavras, como BERT e as suas variantes, Word2Vec e FastText. Cada modelo foi avaliado em duas etapas: cinco classes e três classes. Com base nos resultados, os modelos baseados em NNs e Word2Vec produziram as previsões mais exactas, sendo o modelo CNN-RNN-Bi-LSTM o mais preciso. De acordo com o estudo, o DL é mais preciso na deteção de sentimentos no texto do que o ML supervisionado.

Os autores propuseram uma técnica baseada em DL denominada "Sentiment and Semantic Based Emotion Detetor (SS-BED)" para resolver o desafio da deteção de emoções, combinando as capacidades do modelo de aprendizagem profunda Long short-term memory (LSTM) com grandes volumes de dados [80]. O método proposto utiliza caraterísticas baseadas no sentimento e na semântica para antecipar melhor as emoções dos utilizadores com base nas suas declarações. Para treinar o modelo, os autores utilizaram técnicas semi-automatizadas para recolher dados de treino em grande escala com formas variadas de articular emoções. Os autores usaram conjuntos de dados textuais do mundo real para avaliar a abordagem proposta e descobriram que ela supera as abordagens de ML de linha de base e certos modelos baseados em aprendizado profundo.

Em [81], os autores propuseram um Modelo Profundo CNN-RNN Bidirecional Baseado na Atenção (ABCDM). O método proposto utiliza duas camadas bidireccionais independentes de memória de curto prazo (LSTM) e GRU para captar contextos futuros e passados, tendo em conta o fluxo de informação baseado no tempo em ambas as direcções. Além disso, o mecanismo de atenção é utilizado nas saídas das camadas bidireccionais do ABCDM para aumentar ou diminuir a proeminência de certas palavras. O ABCDM utiliza procedimentos de convolução e de agrupamento para reduzir a dimensionalidade das caraterísticas e extrair as caraterísticas locais independentes da posição. Os autores mediram o desempenho do ABCDM pela sua capacidade de detetar a polaridade do sentimento, uma vez que esta é a tarefa mais comum e importante na análise do sentimento. Os autores utilizaram três conjuntos de dados do Twitter e cinco conjuntos de dados de críticas para realizar as experiências.

Dragoni et al. [82] propuseram uma versão melhorada do OntoSenticNet, um modelo concetual para a estruturação de emoções a partir de recursos multimodais, com o SenticNet como base de conhecimento de senso comum para a análise de sentimentos. Para além de suportar a execução de operações semânticas de sentimento em tempo de raciocínio, o modelo também suporta um modelo concetual para dependências de sentimento e caminhos de descoberta. Huang et al. [83] introduziram um modelo único para o reconhecimento de sentimentos em texto, designado Attention Emotion Enhanced (AEC)-LSTM, que procura melhorar a rede LSTM incorporando o mecanismo de atenção e a inteligência emocional. Em primeiro lugar, é proposta uma rede LSTM melhorada pela emoção, designada por ELSTM, em que a modulação da aprendizagem pela emoção é conseguida utilizando um modulador de emoções e um estimador de emoções para melhorar a capacidade de aprendizagem de caraterísticas das redes LSTM. Os autores integraram ainda a ELSTM com outras operações, como a convolução, o agrupamento e a concatenação, para proporcionar uma melhor representação de vários padrões de estrutura em sequências de texto. Depois, utilizando o mecanismo de atenção ao nível do tópico, o peso das representações ocultas do texto é ajustado de forma adaptativa.

A Broad Multitask Transformer Network (BMT-Net) proposta por Zhang et al. [84] combina uma abordagem baseada em caraterísticas com uma abordagem de afinação. O objetivo deste sistema é explorar a informação de alto nível de representações robustas e contextuais. A estrutura proposta permite que as representações globais sejam aprendidas em várias tarefas utilizando transformadores multitarefa. Como resultado da sua capacidade de procurar caraterísticas adequadas de forma profunda e alargada, a BMT-Net pode aprender de forma redonda a representação contextual robusta que é utilizada pelo sistema de aprendizagem alargada.

O trabalho proposto por Wadawadagi e Pagi [85] e Yadav e Vishwakarma [86] fornece um estudo exaustivo dos métodos populares de aprendizagem profunda utilizados na análise de sentimentos. Um modelo de conjunto empilhado baseado na aprendizagem é proposto em [87] para medir a intensidade das emoções e dos sentimentos. Os autores utilizaram CNN, GloVe word embedding, GRU bidirecional, LSTM bidirecional, mecanismo de atenção e dependências a longo prazo para melhor captar as caraterísticas locais. Um modelo para SA baseado na atenção (RNN-CNN) é proposto por Basiri et al. em [88]. O estudo de Alhumoud e Al Wazrah [89] de 2021 inclui uma avaliação abrangente da literatura para encontrar, classificar e avaliar publicações de ponta que usam RNNs para análise de sentimento árabe.

Quadro 2.4 SA utilizando a metodologia de aprendizagem profunda

Referência	**Metodologia**	**Conjunto(s) de dados**	**Exatidão**
Vateekul e Koomsubha (2016) [90]	LSTM e Dinâmico CNN(DCNN)	Conjunto de dados do Twitter	DCNN-75.35, LSTM-75.30
Dragoni e Petrucci (2017) [91]	RNN	Conjunto de dados Dranziera	81% de precisão para o conjunto de dados Dranziera
Wu e Chi (2017) [92]	Quadrática LSTM-RNN	Stanfordsentiment treebank(SST) e o conjunto de dados SICK	SICK-87,28%, SST-86,6%(binário)
Uysaland Murphey (2017) [93]	CNN,LSTM, CNN+LSTM	Sentimento 140, IMDb, conjunto de dados multi-domínio da Amazon, Ninepublic análises de sentimentos	IMDb-89,1%, S140-71,5%, Amazon-85,4%, Ninepublic avaliações de sentimentos - 77,1%
Zhao et al. (2017) [94]	CNN LSTM	críticas da amazon sobre telemóvel, câmara digital e computador portátil	LSTM-87,9%, CNN-87,7%
Poria et al. (2018) [95]	Temporal CNN,RNN	Conjunto de dados MOUD do Youtube	RNN, CNN= 96.55%

2.5 Técnicas de Sumarização de Revisões (RS)

Nos métodos acima referidos [50-81], a RS não foi abordada, exceto em [63], onde a ABSA foi concebida para a sumarização das avaliações dos doentes. A CRS automática ainda não foi explorada com base no resultado da SA. Apresentam-se de seguida algumas tentativas recentes [96-105] feitas para a CRS:

Em [96], os autores sugeriram um modelo hierárquico de ponta a ponta para a aprendizagem colaborativa da classificação de sentimentos e da sumarização de texto, em que a etiqueta de classificação de sentimentos é vista como uma "sumarização" adicional do resultado da sumarização de texto. Como resultado, é criada uma estrutura hierárquica, colocando a camada de classificação de sentimentos acima da camada de resumo de texto. Os resultados experimentais em conjuntos de dados de críticas online da Amazon demonstram que o modelo proposto supera os sistemas de base robustos em termos de categorização de sentimentos e resumo abstrativo.

Os autores de [97] investigaram quatro métodos para aproveitar a informação do utilizador e do produto para ajudar na sumarização de críticas. Nos três primeiros modelos: AttrEnc, AttrDec, e AttrEncDec, a informação de atributos é injectada diretamente na rede de geração de apontadores. O último modelo: MemAttr é um novo modelo que combina informação de texto e informação de atributos com uma rede de memória para a geração do resumo final. Para efetuar o trabalho experimental do método proposto, os autores criaram o seu próprio conjunto de dados com base no conjunto de dados de críticas da Amazon. O conjunto de dados original, composto por 142,8 milhões de amostras com o texto da crítica, o resumo e a identificação do utilizador/produto, é escasso, com muitos utilizadores e produtos a aparecerem apenas uma vez. Por conseguinte, os autores mantiveram apenas as avaliações entre utilizadores activos e produtos bem conhecidos, cortando progressivamente o conjunto de dados. Como resultado, foi produzido um conjunto de dados com 167 mil avaliações de 3329 produtos e 3080 consumidores. Cada utilizador tem pelo menos 20 avaliações e cada produto tem pelo menos 20 avaliações no total. Os autores selecionaram 5000 amostras e aleatoriamente para validação, 5000 para teste e as restantes para treino.

Em [98], os autores propuseram uma nova abordagem para a sumarização de textos. No método proposto, primeiro as frases são analisadas, e as semelhanças entre elas são determinadas usando a métrica de similaridade sugerida. A seguir, o algoritmo Gaussian Mixture Model (GMM) é utilizado para agrupar as frases com base na sua semelhança, sendo finalmente selecionado um número pré-determinado de frases de cada grupo. Em comparação com o método K-means, os autores concluíram que o método proposto produz um resumo mais informativo e uma maior variação nas frases, utilizando um conjunto de dados de críticas de clientes do Tripadvisor.

A tarefa de gerar resumos sob a forma de termos sábios a partir de artigos noticiosos e críticas de consumidores é realizada em [99], empregando o modelo RNN-LSTM em conjunto com o RVA (Recall Vocabulary Again) e o procedimento de cópia. Para resolver o problema geral da sumarização, a RNN foi treinada utilizando uma rede neural feedforward com codificadores-descodificadores. Com base nos conjuntos de dados Giga word e DUC, o método foi validado para minimizar o problema das palavras desconhecidas num descodificador e gerar um resumo exato que contém informações mais relevantes.

A fusão de informação sobre tópicos e relevância semântica para a sumarização de textos sugerida em [100] baseia-se no ajuste fino do BERT (TIF-SR). Uma vez que a informação sobre o tópico é tão importante para a criação de resumos, os autores começaram por extrair as palavras-chave do tópico e combinaram-nas com os documentos de origem como entrada. Em segundo lugar, ao calcular a semelhança semântica entre o resumo gerado e o documento de origem, a qualidade do resumo é aumentada. Isto aproxima o resumo do documento original. A adequação do modelo sugerido é comprovada pelos dados experimentais que mostram as melhorias no índice ROUGE e na legibilidade.

Os autores de [101] produziram um resumo completo que inclui toda a informação importante do texto de origem. Com o seu mecanismo de atenção melhorado, o modelo de resumo automático de resenhas proposto aumenta a compreensão semântica e eleva a eminência do resumo. O objetivo do modelo codificador-descodificador é produzir resumos abstractos. A questão dos termos invulgares que não são de uso comum é resolvida pelo processo de geração de ponteiros, e as dificuldades de repetição são resolvidas pelo mecanismo de cobertura. Quando comparada com os métodos existentes, as experiências realizadas com o conjunto de dados de críticas móveis da Amazon mostraram que a metodologia sugerida produziu resumos de críticas abstractivos mais precisos. Os autores utilizaram a métrica ROUGE para avaliar o desempenho do relatório de resumo. A Tabela 2.5 abaixo mostra os resultados adicionais da revisão da literatura relacionados com a sumarização de texto.

Tabela 2.5 Resultados adicionais da revisão da literatura relacionados com o resumo de textos.

Referência	Metodologia	Conjunto(s) de dados	ROUGE-1
Sanchez-Gomez et al. (2021) [102]	QSO-MOCSA (Query-focused Sentiment-Oriented Multi-Objective Crow Search Algorithm)	TAC2008 (Texto Conferência de Análise) conjuntos de dados	54.81
Shrabanti Mandal (2020)[103]	Algoritmo Gauss Cuckoo Search (GCS)	Processos judiciais australianos do Tribunal Federal da Austrália (FCA)	49.67
Kaichan Yao et al. (2019) [104]	DEATS (Dual Codificação para AbstractiveText Sumarização)	CNN/DailyMail e DUC 2004	40.85
Ramesh Nallapati et al.	SummaRuNNer	CNN/DailyMail	42.0

(2017) [105]			

2.6 Ferramentas de análise de dados para efetuar SIR utilizando técnicas baseadas em IA

Em termos de estruturas, a maioria dos trabalhos de investigação utilizou as seguintes linguagens de programação e ferramentas no domínio da análise de sentimentos: As linguagens de programação Python e R são linguagens de programação de código aberto que possuem um grande conjunto de bibliotecas padrão onde os dados podem ser estudados com a ajuda da análise de dados. O Matlab é um software estatístico comercial que se centra na álgebra matricial, no processamento de dados e na elaboração de gráficos.

Existem várias fases para efetuar o resumo dos comentários dos clientes utilizando técnicas de análise de sentimentos baseadas em IA. A Figura 2.3 representa várias técnicas utilizadas no processo de

literatura disponível para a aplicação destas ideias

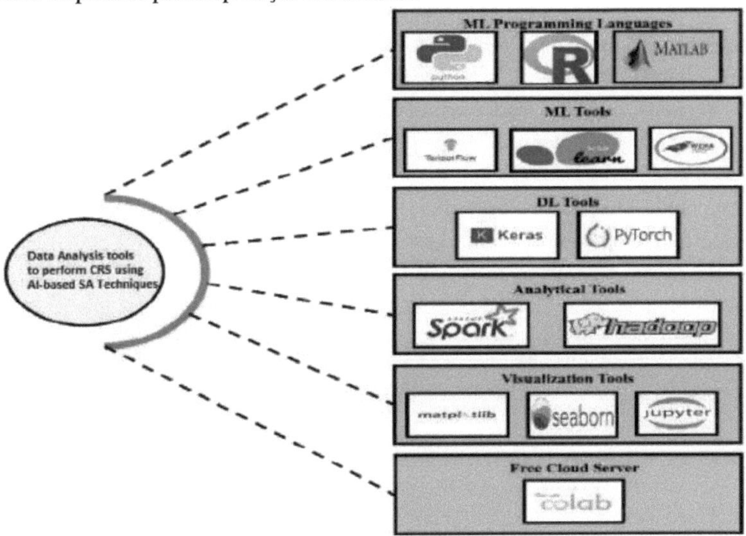

Figura 2.3. Ferramentas de análise de dados para efetuar SIR utilizando técnicas de AS baseadas em IA

2.7 Lacunas de investigação

Tendo em conta a necessidade do modelo CRS, os investigadores começaram a investigar formas de alargar o modelo SA. A sumarização de resenhas usando SA é altamente eficaz, fornecendo a classificação precisa do sentimento e fornecendo um resumo da resenha utilizando o resultado da SA. Por conseguinte, pode concluir-se que a eficiência da SIR depende principalmente da precisão do modelo SA. Na secção anterior, é feita uma revisão dos métodos de AS [41-70] em diferentes categorias, como a AS específica para as resenhas [41-55], ABSA [56-70] e AS baseada em aprendizagem profunda [71-95]. Em seguida, é também efectuada a revisão dos métodos recentes de SIR [96-105]. As lacunas de investigação abaixo mencionadas, identificadas a partir do trabalho existente, motivaram a proposta do novo modelo neste trabalho:

- Os métodos CRS recentemente apresentados [63] [96-105] não exploraram totalmente os métodos SA, o que limita a sua escalabilidade e eficiência da sumarização. Os métodos SIR subjacentes utilizaram abordagens básicas para extração de caraterísticas, agrupamento, SA baseada em aprendizagem profunda, modelo hierárquico, etc. e não consideraram os problemas relacionados com sarcasmo, emoticons, aspectos ambíguos, etc.
- As abordagens SA especificadas em [41-55] são insuficientes para lidar com as questões associadas à representação exacta de emoções, opiniões e sarcasmo.
- Os métodos ABSA apresentados em [56-70] abordaram o desafio do sarcasmo e da ambiguidade até certo ponto, mas não conseguiram abordar os desafios das opiniões, negações e emoções para uma classificação exacta.
- Alguns métodos ABSA não foram testados em grandes conjuntos de dados de revisão. Algumas técnicas ABSA basearam-se principalmente em procedimentos não supervisionados, exigindo dados anotados manualmente. Devido ao facto de alguns algoritmos SA/ABSA dependerem da extração de caraterísticas simbólicas, a sua precisão é limitada.
- Os métodos SA/ABSA baseados em DL [71-96] demonstraram o impacto da utilização de métodos de aprendizagem profunda para a extração ou classificação de caraterísticas. No entanto, a utilização de modelos de aprendizagem profunda para a extração de caraterísticas conduz a uma sobrecarga computacional significativa. O Customer Review Summarization (CRS) não pode beneficiar apenas dos resultados da extração de caraterísticas DL.

Capítulo 3

Abordagem híbrida de extração de caraterísticas para construir um sistema robusto baseado em aspectos Modelo de análise de sentimentos utilizando aprendizagem profunda (RASADL) para Resumo da avaliação do cliente

Este capítulo inclui uma compreensão detalhada do novo algoritmo proposto para efetuar a extração de caraterísticas híbridas para a análise do sentimento do cliente. Para extrair as caraterísticas de forma eficaz, é apresentada neste capítulo uma técnica híbrida que inclui caraterísticas relacionadas com as avaliações e caraterísticas relacionadas com os aspectos para construir um vetor de caraterísticas híbrido distinto para todas as avaliações. O vetor de caraterísticas híbrido é então dado como entrada aos diferentes classificadores ML e DL. Verifica-se que o classificador DL (Long Short-Term Memory (LSTM)) dá melhores resultados, pelo que é utilizado para classificar os sentimentos como positivos, negativos ou neutros. O algoritmo proposto é aplicado e testado em vários casos para mostrar uma compreensão clara do problema.

3.1 Introdução

A funcionalidade do modelo sugerido neste trabalho está dividida em duas fases: extração de comentários e resumo de comentários. As avaliações de cada utilizador são classificadas como negativas, positivas ou neutras na extração de avaliações. Na sumarização de comentários, um resumo conciso dos comentários correspondentes é automaticamente formulado com base nos resultados da etapa de extração de comentários. O âmbito deste capítulo restringe-se ao desenvolvimento de um modelo de extração de opiniões fiável, preciso e robusto (também designado por modelo de análise de sentimentos) que pode resultar na construção de um modelo eficaz de resumo de opiniões de consumidores.

Neste capítulo, é apresentada uma técnica de análise de sentimentos única, baseada na análise híbrida robusta de sentimentos, que é utilizada para resolver o desafio de obter resultados eficientes de extração de críticas para a sumarização de críticas de consumidores. Para começar, é utilizada uma técnica de pré-processamento simples e eficiente para eliminar palavras de paragem, dígitos, palavras sem sentido e outros elementos indesejáveis. Em seguida, as opiniões pré-processadas são dadas como entrada para a técnica robusta e eficiente de engenharia de caraterísticas híbridas, que combina caraterísticas relacionadas com as opiniões e caraterísticas relacionadas com os aspectos e forma um vetor chamado Análise Híbrida de Sentimentos (HAS). A metodologia de extração de caraterísticas híbridas aqui sugerida também pode tratar frases ambíguas e inconsistentes enquanto executa a SA. O primeiro passo envolve a recuperação de várias caraterísticas relacionadas com a análise e a sua representação numérica. Depois, a extração de caraterísticas relacionadas com aspectos é feita descobrindo as palavras de aspeto e gerando a representação numérica das caraterísticas utilizando frequências de coocorrência. Por último, são utilizados classificadores baseados em ML/DL para classificar os vectores de caraterísticas híbridas em classes negativas, positivas ou neutras.

3.2 Declaração do problema

As opiniões dos clientes fornecem informações valiosas sobre as suas necessidades e satisfação. Essas avaliações são amplamente utilizadas por empresas como restaurantes e comércio eletrónico para aumentar a sua produtividade através do estudo de avaliações específicas de produtos e serviços. Além disso, as críticas podem ser utilizadas para analisar exaustivamente a concorrência. Desde a última década, foram introduzidos vários métodos de análise de sentimentos, mas o grande volume, a escalabilidade e a precisão tornam-se o principal desafio para efetuar a análise de sentimentos utilizando os termos de aspeto e as caraterísticas principais. O modelo híbrido, automático, robusto e eficiente de sumarização de opiniões de clientes relativamente à AS, utilizando uma metodologia baseada em aspectos, é o principal objetivo de investigação deste trabalho.

3.3 Contribuição e novidade do trabalho proposto

De acordo com as conclusões dos estudos mencionados no capítulo 2, as abordagens baseadas na análise de sentimentos [41-55] são insuficientes para lidar com as questões da representação exacta de sentimentos, opiniões e emoções, a partir de críticas em linha. Como resultado, as abordagens de análise de sentimentos baseadas em aspectos [56-70] recentemente propostas são estudadas, mas o seu âmbito ou aplicação é limitado. Em termos de representação de caraterísticas, é difícil conseguir uma representação eficaz, uma vez que as caraterísticas relacionadas com o aspeto apenas abordam frases ambíguas e sarcásticas, mas não têm em conta emoções, negações, opiniões, etc.

Para além destas questões, não foram utilizados conjuntos de dados de revisão escaláveis para avaliar as abordagens ABSA. Algumas abordagens ABSA basearam-se principalmente em procedimentos não supervisionados, necessitando de um número significativo de anotações manuais de dados. Como alguns algoritmos SA/ABSA se baseiam apenas na extração de caraterísticas simbólicas, a sua precisão é prejudicada. Em comparação com as técnicas de ML ou as técnicas baseadas no léxico, as técnicas de DL proporcionam uma escalabilidade e eficiência superiores.

Foi sugerida uma nova técnica de AS com especial referência à sumarização de críticas de consumidores, com base nas preocupações das abordagens mais avançadas mencionadas no capítulo 2. O método sugerido compreende três fases: pré-processamento, extração de caraterísticas e categorização/classificação. Para eliminar o ruído dos comentários de entrada, a etapa de pré-processamento emprega um procedimento padrão. A etapa de extração de caraterísticas é engenhosamente construída como uma etapa híbrida para ultrapassar as dificuldades de representar com precisão as caraterísticas das opiniões de entrada. Em particular, o modelo proposto tem as seguintes contribuições:

- Com base nas observações de que os conjuntos de caraterísticas híbridas obtêm resultados eficazes, a etapa de extração de caraterísticas é dividida em duas subetapas: Caraterísticas relacionadas com a revisão (RRF) e Caraterísticas relacionadas com o aspeto (ARF). Depois disso, as caraterísticas numéricas RRF e ARF são fundidas num vetor híbrido denominado (HAS).

- Como parte da RRF, são utilizados vários métodos, como a frequência de termos - frequência inversa de documentos (TF-IDF), caraterísticas de n-gramas e polaridades de emoticons, para tornar as representações emocionais mais exactas.
- Como parte da ARF, é proposta uma nova forma de extrair termos de aspeto utilizando frequências de coocorrência e atribuindo depois as polaridades. O método ARF produz termos de aspeto com as suas polaridades.

-Para a tarefa de classificação, são utilizados os classificadores de aprendizagem automática: Máquina de vectores de apoio (SVM), Naive Bayes (NB) e Random Forest e o classificador de aprendizagem profunda LSTM são utilizados e comparados. O LSTM é considerado o melhor de todos os classificadores mencionados, pelo que é utilizado para a classificação.

3.4 Materiais e métodos

Esta secção apresenta a recolha do conjunto de dados, o pré-processamento do conjunto de dados e a metodologia de implementação do trabalho proposto.

3.4.1 Recolha de dados

O conjunto de dados de críticas de restaurantes SemEval-2014 [106], o conjunto de dados de críticas de produtos da Amazon [107] e o conjunto de dados Sentiment140 [108] foram utilizados para avaliar o modelo proposto e compará-lo com os métodos recentes mais avançados.

O conjunto de dados de críticas de restaurantes do SemEval-2014 inclui 3000 críticas de treino e 800 críticas de teste. Todas as críticas deste conjunto de dados têm pelo menos um termo de aspeto anotado e estão especificadas num formato de frase. A Figura 3.1 mostra um excerto do conjunto de dados SemEval-2014 de críticas de restaurantes. O conjunto de dados contém frases de críticas com categorias de aspectos como ambiente, comida, preço, serviço e diversos/anedotas. Um aspeto pode ser implícito ou explícito, dependendo do facto de estar ou não explicitamente indicado no texto. Por exemplo, a primeira frase na figura 3.1 é sobre o aspeto da comida e o aspeto é explicitamente mencionado. Não há nenhuma menção explícita ao serviço na segunda frase da avaliação, mas ele é implicitamente indicado através da frase 'pequena gorjeta'.

```
<sentence id="1004293:3">
    <text>The food was lousy - too sweet or too salty and the portions tiny.</text>
  - <Opinions>
        <Opinion to="8" from="4" polarity="negative" category="FOOD#QUALITY" target="food"/>
        <Opinion to="60" from="52" polarity="negative" category="FOOD#STYLE_OPTIONS" target="portions"/>
    </Opinions>
</sentence>
<sentence id="1004293:4">
    <text>After all that, they complained to me about the small tip.</text>
  - <Opinions>
        <Opinion to="0" from="0" polarity="negative" category="SERVICE#GENERAL" target="NULL"/>
    </Opinions>
</sentence>
<sentence id="1004293:5">
    <text>Avoid this place!</text>
  - <Opinions>
        <Opinion to="16" from="11" polarity="negative" category="RESTAURANT#GENERAL" target="place"/>
    </Opinions>
</sentence>
```


Figure 1. . Um excerto de amostra do conjunto de dados de críticas de restaurantes do SemEval-2014

Um conjunto de dados de análises de produtos da Amazon contém aproximadamente 48500 análises que abrangem três categorias de produtos: artigos electrónicos, telemóveis e acessórios e instrumentos musicais. Existem 21600 avaliações para telemóveis, 24352 avaliações para produtos electrónicos e 2548 avaliações para instrumentos musicais. São carregados metadados em formato JSON, que são posteriormente convertidos num ficheiro CSV. A tabela 3.1 e a figura 3.2 mostram a descrição dos metadados e os dados de amostra em formato JSON, respetivamente [109].

Quadro 3.1 Informações sobre metadados do conjunto de dados de análises de produtos da Amazon

Caraterística	Descrição
revisorlD	ID único do revisor
asin</monospace>	ID única do produto
reviewerName	nome do revisor
reviewText	Rever o texto no formato de frase
Em geral	Classificação do produto de 1 a 5
Resumo	Resumo da revisão
unixReviewTime	Hora da revisão (hora unix)
revisãoTempo	Hora do reexame (em bruto)

"global": 3.0. "verificado": verdadeiro, "revisão lune": "09 22. 2013". "rcvicwcrlD": "A1BB77SEBQT8VX", "asin": "B00007GD1V", "estilo": {"Cor;": "Preto"}. "reviewerNime": "Darrow H Ankrum 11", "reviewText": "a sogra queria-o como presente para a irmã, o site gostou e disse que funcionava.", "resumo": "comprado como presente", "unixReviewTime": 1379808000

Figure 2. . Amostra de dados de avaliação de produtos da Amazon em formato JSON

O conjunto de dados Sentiment140 é composto por 1,6 milhões de tweets anotados (0 refere-se a um tweet negativo, 2 refere-se a um tweet neutro e 4 refere-se a um tweet positivo). Os outros campos do conjunto de dados incluem: id, data, flag (se não houver consulta, o valor deste campo é 'NO_Query'), utilizador e texto. A Figura 3.3 mostra um excerto do conjunto de dados Sentiment140.

	0	1	2	3	4	5
0	0	1467810369	Mon Apr 06 22:19:45 PDT 2009	NO_QUERY	_TheSpecialOne_	@switchfoot http://twitpic.com/2y1zl - Awww, t...
1	0	1467810672	Mon Apr 06 22:19:49 PDT 2009	NO_QUERY	scotthamilton	is upset that he can't update his Facebook by ...
2	0	1467810917	Mon Apr 06 22:19:53 PDT 2009	NO_QUERY	mattycus	@Kenichan I dived many times for the ball. Man...
3	0	1467811184	Mon Apr 06 22:19:57 PDT 2009	NO_QUERY	ElleCTF	my whole body feels itchy and like its on fire
4	0	1467811193	Mon Apr 06 22:19:57 PDT 2009	NO_QUERY	Karoli	@nationwideclass no, it's not behaving at all...
5	0	1467811372	Mon Apr 06 22:20:00 PDT 2009	NO_QUERY	joy_wolf	@Kwesidei not the whole crew
6	0	1467811592	Mon Apr 06 22:20:03 PDT 2009	NO_QUERY	mybirch	Need a hug
7	0	1467811594	Mon Apr 06 22:20:03 PDT 2009	NO_QUERY	coZZ	@LOLTrish hey long time no see! Yes.. Rains a...

Figura 3.3. O excerto de amostra do conjunto de dados Sentiment140

3.4.2 Pré-processamento do conjunto de dados

O pré-processamento do conjunto de dados constituído por críticas em bruto é efectuado eliminando e corrigindo o texto complexo e inútil. A funcionalidade de pré-processamento de dados (consulte o Algoritmo I) utilizada no trabalho proposto começa com a tokenização e termina com a remoção de palavras sem sentido, dígitos e palavras com menos de três caracteres. Utilizando a função de tokenização, os comentários de entrada são subdivididos em tokens. Em seguida, é aplicado o stemming a cada token para reduzi-lo à sua forma singular (por exemplo, performed ou performing é reduzido para perform). Depois, para limitar o número de tokens, são eliminadas palavras de paragem como "I", "a", "an", etc. Datas, caracteres especiais como #, @, etc., URLs e palavras sem sentido (b+, C-, etc.) são encontrados e eliminados. Além disso, as palavras com menos de três letras e os números inteiros também são encontrados e eliminados. Este algoritmo garante que o espaço dimensional dos comentários em bruto é efetivamente reduzido. A Tabela 3.2 abaixo mostra exemplos de alguns comentários antes e depois do pré-processamento.

Tabela 3.2 Ilustração do algoritmo de pré-processamento

Antes do pré-processamento	**Após o pré-processamento**
"O shu mai de porco era mais do que habitualmente gorduroso e tive de partilhar uma mesa com uma família barulhenta e mal-educada"	"Porco gorduroso partilha mesa barulhenta família rude"
"O chamado portátil funciona muito devagar e detesto-o! Não o comprem! É o pior portátil de sempre"	"O computador portátil funciona lentamente, não compre o pior computador portátil"
"A comida era absolutamente fantástica"	"Comida absolutamente espantosa"
"Fiquei muito desiludido com este telemóvel"	"desiludir o telemóvel"

Algoritmo I: Pré-processamento de dados

Entrada
Q: revisão bruta
Saída
P: revisão pré-processada

```
Acquisition of test review Q
T ← getWordTokenization (Q)
For i = 1: size (T)
  S(i) ← Stemming (T(i))
End For
For i = 1: size (S)
  If (S(i) ≠ Stopword)
    If (S(i) ≠ URL)
      T1 ← S(i)
    End If
  End If
End For
For i = 1: size (T1)
  If
  (T1(i) ≠ specialchar || T1(i) ≠ date || T1(i) ≠ complexchar)

    T2 ← T1(i)
  End If
End For
For i = 1: size (T2)
  If (T2(i) ≠ numbers || length (T2(i)) > 2)
    T3 ← T2(i)
  End If
End For
Return (P ← T3)
```

3.4.3 Divisão do conjunto de dados

Os três conjuntos de dados de investigação obtidos são divididos em dois conjuntos: o conjunto de treino e o conjunto de teste. Inicialmente, o modelo RASADL proposto é treinado utilizando um conjunto de dados designado por conjunto de treino e, em seguida, o modelo construído é testado utilizando um novo conjunto de dados designado por conjunto de teste. O conjunto de dados de avaliação do restaurante SemEval-2014 está dividido em conjuntos de dados de treino de 80 % e de teste de 30 % e os outros dois conjuntos de dados de investigação estão divididos em conjuntos de dados de treino de 70 % e de teste de 30 %. A Tabela 3.3 mostra os pormenores da divisão dos dados.

Quadro 3.3 Divisão de dados considerada para construir o modelo RASADL

Conjunto de dados	% de divisão do conjunto	Total Comentários	Revisões da formação	Revisões de testes

	de dados treino-teste			
SemEval-2014 comentários de restaurantes	80-20%	3800	3000	800
Avaliações de produtos da Amazon (48500 avaliações)	70-30%	Avaliações de telemóveis-21600	15120	6480
		Revisões de artigos electrónicos-24352	17046	7306
		Revisões de instrumentos musicais-2548	1783	765
Sentimento140	70-30%	1,600,000	1,120,000	480,000

3.5 Arquitetura proposta

Esta secção apresenta a metodologia da extração de caraterísticas híbridas proposta para construir um modelo de Análise de Sentimentos Robusta baseada em Aspectos utilizando Aprendizagem Profunda (RASADL) para Sumarização de Comentários de Clientes.

O modelo proposto tem três fases: recolha e pré-processamento de dados, engenharia de caraterísticas híbridas e fase de classificação, como mostra a Figura 3.4

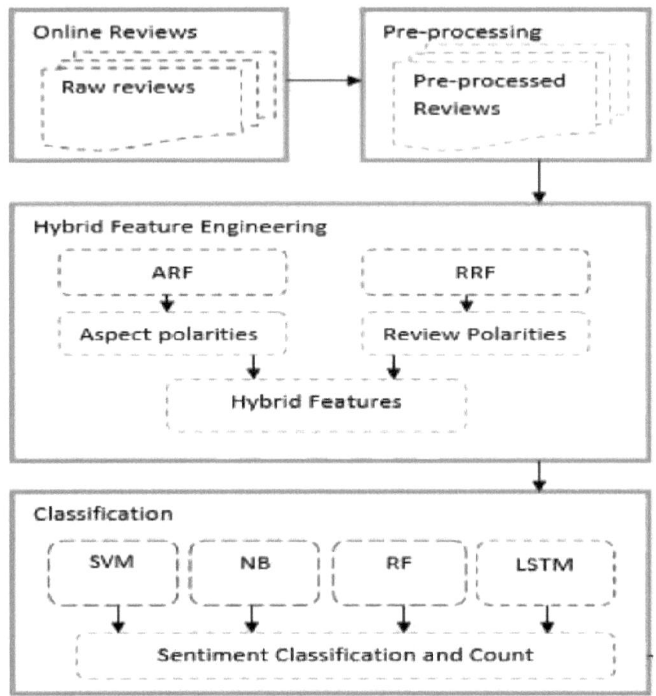

Figura 3.4. Quadro proposto para a análise híbrida de sentimentos

O passo inicial inclui a recolha de dados e o pré-processamento dos dados. Na segunda etapa, a extração de caraterísticas é feita utilizando as técnicas RRF e ARF e, em seguida, as caraterísticas numéricas RRF e ARF são fundidas num vetor de caraterísticas híbrido-HAS. Os classificadores de aprendizagem automática e de aprendizagem profunda utilizam o HAS para classificar as avaliações de entrada em categorias positivas e negativas. Em seguida, o desempenho do modelo é comparado utilizando determinadas métricas.

O quadro 3.4 apresenta a funcionalidade do modelo proposto. As três fases e o processamento em cada uma delas permitem uma compreensão clara do sistema proposto.

Quadro 3.4 Funcionalidade do modelo RASADL proposto.

Fases	Processamento
Fase inicial	1. Obter dados de avaliação dos clientes 2. Pré-processamento de dados utilizando o Algoritmo I
Fase de engenharia de caraterísticas híbridas	1. Para cada análise pré-processada, calcular a RRF 2. Calcular o ARF (Algoritmo II) 3. Calcular o vetor de caraterísticas híbridas (HAS), que é uma combinação de RRF e ARF

Fase de classificação	1. Aplicar classificadores de aprendizagem automática: SVM, NB e RF 2. Aplicar um classificador de aprendizagem profunda: LSTM 3. Comparar o desempenho de todos os classificadores e selecionar o melhor 4. Classificação e contagem de sentimentos 5. Análise do desempenho utilizando as métricas: exatidão, precisão, recordação, pontuação F1 e ASAT

3.5.1 Extração de caraterísticas utilizando uma abordagem híbrida

O desenvolvimento de um conjunto de caraterísticas eficiente e consistente que possa produzir uma elevada precisão de categorização é um aspeto importante de qualquer sistema de análise de sentimentos. Houve várias tentativas de representar os comentários de entrada como caraterísticas. A extração precisa, robusta e eficaz de caraterísticas continua a ser um desafio de investigação difícil para a extração de críticas. As abordagens SA especificadas em [41-55] são insuficientes para lidar com as questões associadas à representação exacta de emoções, opiniões e sarcasmo. Os métodos ABSA apresentados em [56-70] abordaram o desafio do sarcasmo e da ambiguidade até certo ponto, mas não conseguiram resolver os desafios das opiniões, negações e emoções para uma classificação exacta. Por conseguinte, é necessário um conjunto de caraterísticas híbridas que combine as caraterísticas estatísticas e as caraterísticas linguísticas para responder aos desafios acima referidos.

Neste trabalho, é proposta uma arquitetura SA eficaz que emprega uma metodologia híbrida de extração de caraterísticas para resolver os problemas de ambiguidade, sarcasmo e representação mais precisa das emoções. No primeiro passo, a extração de caraterísticas RRF é feita utilizando vários métodos para obter a polaridade de cada termo no texto pré-processado, incluindo negações e emoticons. Os termos de aspeto com as suas polaridades são depois extraídos utilizando o método ARF. Os comentários sarcásticos e ambíguos também são abordados e representados pelo ARF. Finalmente, integrando os resultados da ARF e da RRF, cada comentário pré-processado é expresso como um vetor de caraterísticas híbrido chamado HAS.

3.5.1.1 Caraterísticas relacionadas com a revisão (RRF)

A RRF é um método estatístico de representação de caraterísticas que inclui emoticons juntamente com o texto para representar sentimentos, opiniões e negações na entrada. Para construir a RRF, são extraídas caraterísticas convencionais como o n-grama, o TF-IDF e a polaridade específica dos emoticons. O TF-IDF é uma técnica que utiliza o Bag of Words (BoWs) e se baseia na incorporação de palavras. A utilização de palavras solitárias para a extração de caraterísticas limita a SA de várias formas. As caraterísticas de uma única palavra não tratam de questões de negação, resultando numa classificação incorrecta dos sentimentos.

Para resolver estas questões, primeiro é gerada uma lista de palavras através da extração de caraterísticas n-grama das críticas pré-processadas. De seguida, aplica-se o

TF-IDF à saída do n-grama para obter o TF-IDF das palavras do n-grama. Para além de minimizar o espaço dimensional, a combinação das técnicas n-grama e TF-IDF também representa eficazmente todos os comentários. Assim, a RRF é obtida através da combinação de n-gramas, TF-IDF e caraterísticas específicas dos emoticons. O procedimento da RRF é descrito em pormenor mais adiante e é apresentado no algoritmo II.

Passo 1: Calcular o N-grama

Seja P o documento pré-processado de críticas em linha e P(i) o documento que contém a crítica pré-processada i^{th}. Começamos com a aplicação da abordagem de n-gramas no documento pré-processado. Nos n-gramas, as n palavras são agrupadas numa ordem próxima com base no conjunto de dados fornecido. Os n-gramas são designados por unigrama, bigrama, trigrama, etc., quando o valor de n é 1, 2, 3, etc., respetivamente. Por exemplo, "bonito" e "muito bonito" são unigramas e bigramas, respetivamente. A abordagem n-grama constrói uma coleção de n palavras sequenciais a partir da frase de entrada da seguinte forma:

$$Ngram = getNgram(P(i), n) \qquad (4)$$

em que *Ngram* é a coleção de n-gramas gerados a partir do documento de entrada pré-processado. Os parâmetros P(i) e n são passados para o método *getNgram(.)* que recebe P_i e n como parâmetros. Nesta técnica, *is* é definido como 2 para atingir um equilíbrio entre eficiência e fiabilidade ao lidar com negações.

Passo 2: Calcular o TF-IDF

A determinação do TF-IDF com base nos resultados dos n-gramas resultantes do conjunto de dados de treino/teste para cada lista de palavras. No TF, é calculado o número de vezes que uma palavra aparece nas revisões, enquanto no IDF, o número de aparições de uma palavra nas revisões é dividido pela contagem absoluta de revisões.

$$TF - IDF = TF(Ngram(i)) \times IDF(Ngram) \qquad (5)$$

em que *Ngram(i)* representa a lista de palavras para i^{th} review e *Ng* ram representa a lista de palavras para todo o conjunto de dados P. É então criado um vetor NT que contém todas as caraterísticas de todo o documento.

As caraterísticas específicas dos emoticons também são extraídas das críticas, como mostra o algoritmo II nos passos 9-21. Como cada comentário pode ou não ter emoticons, definimos o vetor de caraterísticas dos emoticons (EF) de tamanho 1x2 como zero para cada comentário. As caraterísticas específicas dos emoticons são subsequentemente integradas com as caraterísticas da seguinte forma:

$$NTE(i) = [NT, EF] \qquad (6)$$

Algoritmo II: Extração da FRR

Entradas

P: *conjunto de treino pré - processado*

n: número de gramas

Saída

NTE: conjunto de caraterísticas extraídas relacionadas com a revisão

```
Algorithm II: RRF Extraction
Inputs
P: pre − processed trainning set
n: number of grams
Output
NTE: extracted review related features set
Initialize Ngram, TFIDF, NT, NTE ← ∅
    For i = 1 to length (P)
        Compute N-gram features
        Ngram(i) ← getNgram(P(i), n)
    End For
    For i = 1 to lenght (P)
        Compute TF-IDF features
        TFIDF(i) ← TF(Ngram(i)) + IDF (Ngram)
        Compute Emoticons Related Features
        Initialize EF ← zeros (1, 2)
        E ← getEmoticons (P(i))
        If (E ≠ Null)
            For j = 1: length (E)
                If (EF(j) == positive)
                    EF(j, :) + 1
                Else
                    EF(:, j) − 1
                End If
            End For
        End If
        NTE(i) ← [TFIDF (i), EF(i)]
    End For
Stop
```

A Tabela 3.5 abaixo apresenta os símbolos matemáticos utilizados no RRF e o seu significado.

Tabela 3.5. Lista de símbolos utilizados no RRF

Símbolo	Significado
Qi	Documento que inclui o ith reexame que foi pré-processado
Ngrama	Conjunto de n-gramas derivados do documento de entrada pré-processado Qi
TF-IDF	Frequência de termos Frequência inversa de documentos
Ngrama^I	Lista de palavras associadas ao ith review
Ngramd	Lista de palavras associadas a todo o conjunto de dados d
NT(i)	Vetor combinado de Ngram e TF - IDF
EF	Vetor de caraterísticas de emoticons
NTE	Vetor combinado de NT e EF

3.5.1.2 Caraterísticas relacionadas com os aspectos (ARF)

O procedimento de extração de caraterísticas linguísticas do ARF é aplicado aos conjuntos de dados de treino e de teste após a extração da versão híbrida das caraterísticas específicas das críticas, que utiliza o mecanismo derivado de [56] apenas para melhorar o desempenho da análise de sentimentos. O objetivo é contar: as co-ocorrências dos lemas com as categorias anotadas nas frases, as co-ocorrências dos lemas com os tipos de aspeto e as co-ocorrências das dependências gramaticais com os tipos de aspeto. Nesta secção, reconstruímos a abordagem ARF aproximando a matriz de peso correspondente a cada conjunto de categorias, que é depois traduzida em caraterísticas de aspeto para cada revisão pré-processada no conjunto de dados de entrada. Neste estudo, a técnica de avaliação de categorias é contornada e, em vez disso, é feita a extração dos termos de aspeto de cada revisão, juntamente com as suas frequências de coocorrência. Ao contrário de [56], poupa-se uma quantidade significativa de tempo de computação ao utilizar o algoritmo de classificação supervisionada.

O método ARF sugerido é demonstrado no Algoritmo III. Seja Q o conjunto de treino, que consiste em m críticas em bruto na Internet. Em cada crítica de entrada, é efectuada a extração das categorias, seguida da estimativa das suas taxas de coocorrência em relação aos lemas e às formas de dependência. O passo inicial do algoritmo ARF consiste em identificar o conjunto de lemas, dependências e categorias de cada revisão. O lema representa a forma dicionarizada de uma palavra, enquanto as dependências mostram a relação gramatical binária existente entre um termo chamado governador ou cabeça e outro termo chamado modificador ou dependente numa frase.

O exemplo abaixo demonstra uma frase que inclui relações de dependência, com as palavras 'price' (governador) e 'okay' (dependente) a formarem uma relação de dependência denominada nsubj (relação sujeito-predicado), e as palavras 'very' (governador) e 'attractive' (dependente) a formarem mais uma relação de dependência denominada avdmod (adverbial clause modifier).

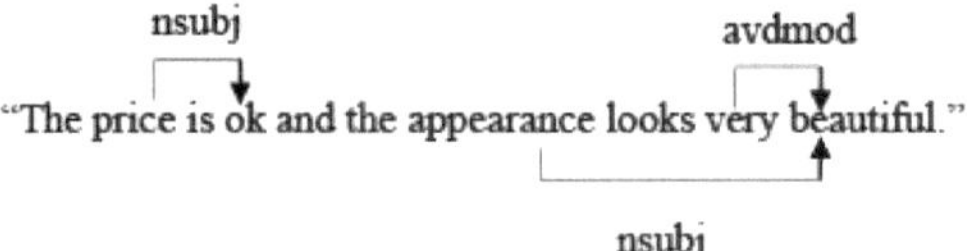

"O preço é razoável e o aspeto é muito bonito."

A figura 3.5 mostra as diferentes relações de dependência que podem existir numa frase e a tabela 3.6 apresenta a descrição dessas relações de dependência [110].

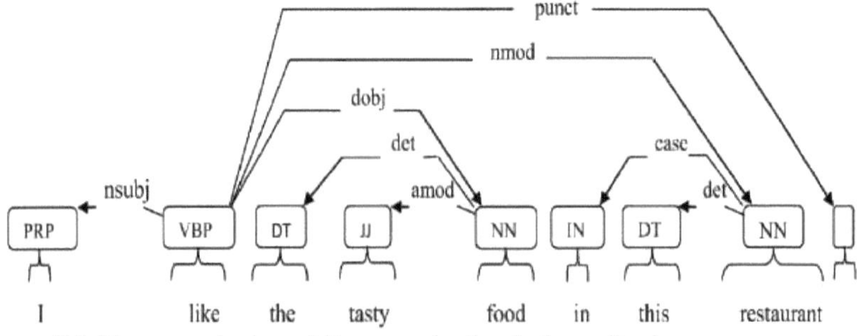

Figura 3.5. Um exemplo de revisão com relações de dependência

O conjunto *S* contém a lista de lemas e formas de dependência. O conjunto *Sc* contém uma lista de categorias de aspectos para as recensões de entrada. Como passo de NLP, cada revisão é processada usando o etiquetador POS, o analisador de dependências e a função de lematizador do quadro CoreNLP de Stanford [111]. Isto produz um conjunto de lemas (SL) e conjuntos de formas de dependência (SD). O conjunto de dados de treino fornece as categorias anotadas de cada frase s, que é representada por SC.

O passo seguinte consiste em contar e adicionar todas as ocorrências únicas de lemas ou formas de dependência no vetor Y. Do mesmo modo, todas as categorias de aspeto relacionadas com a recensão de entrada são descobertas e adicionadas ao vetor C. Depois de descobrir a dependência do lema/forma e as categorias únicas, a frequência de coocorrência é armazenada no vetor X. Além disso, as frequências de ocorrência de todas as formas de dependência e lemas da recensão correspondente são registadas no vetor Y. Estes três vectores (C, X e Y) são gerados apenas para o conjunto de dados de treino.

Depois de receber as frequências de ocorrência e de coocorrência nos vectores Y e X, respetivamente, a matriz de pesos para cada entrada de coocorrência com frequência de ocorrência *é* calculada e armazenada no vetor W. O valor da frequência de pesos $(W_{x,j} \leftarrow (X_{x,j}/Y_j))$ Yfoo para cada par em X só é calculado se a frequência de coocorrência correspondente for superior a 0. Isto resolve o problema de descobrir o limiar ideal para qualquer conjunto de dados. A partir da matriz de pesos W, as caraterísticas específicas dos aspectos são estimadas tomando o valor máximo de coocorrência para cada par de W no vetor A. Desta forma, o objetivo de extrair as caraterísticas relacionadas com os aspectos sem grandes requisitos de computação utilizando técnicas de aprendizagem automática é satisfeito.

O vetor de caraterísticas híbridas é então construído utilizando os vectores RRF e ARF sem perder a generalidade. Para cada análise de entrada, o vetor de caraterísticas híbridas-HAS é formado pela função de concatenação, como indicado a seguir.

$$HAS(i) = [RRF(i), ARF(i)] \quad (7)$$

Quadro 3.6 Descrição das relações de dependência

Relação de dependência	Descrição
acomp (adjetivo complemento)	acomp funciona como complemento (como um objeto) de um verbo
advcl (modificador de cláusula adverbial)	O advcl de uma frase verbal (VP) é uma oração que modifica o verbo (orações temporais, consequência, orações condicionais, orações de finalidade, etc.)
advmod (modificador de advérbio)	avdmod é uma frase com cabeça de advérbio que modifica o significado de uma palavra
agente	Complemento de um verbo passivo introduzido com a preposição "por" que realiza a ação. Só aparece em dependências colapsadas, onde pode substituir a preposição "por", quando apropriado, mas não ocorre em

	dependências básicas.
amod (modificador adjetival)	É qualquer frase adjetival que modifica o significado do sintagma nominal
conj (conjunção)	As conjunções descrevem a associação entre palavras relacionadas utilizando conjunções coordenativas como "e", "ou", etc. As conjunções são ligadas entre si através da relação conj, com a primeira conjunção a atuar como cabeça.
cop (cópula)	Refere-se à relação entre um verbo copular e o seu complemento
dobj (objeto direto)	Os objectos diretos numa oração ou frase são os substantivos, sintagmas nominais ou pronomes que especificam o que ou quem está a receber a ação de um verbo transitivo.
neg (modificador de negação)	É a relação entre a palavra de negação e a palavra que modifica.
nn (modificador composto de substantivo)	Estes referem-se a substantivos em frases que fornecem uma compreensão mais profunda dos substantivos principais e tendem a modificá-los.
nsubj (sujeito nominal)	É um NP (sintagma nominal) que é o sujeito sintático de uma oração
nsubjpass (passivo sujeito nominal)	É um NP que é o sujeito sintático de uma oração passiva.
rcmod (modificador de oração relativa)	É uma oração relativa que modifica o NP
xcomp (complemento clausal aberto)	Os complementos clausais abertos (xcomp) de verbos ou adjectivos são predicativos ou complementos clausais sem sujeito
nmod (modificador nominal)	Quando se liga a um verbo, adjetivo ou outro advérbio, funciona como um adverbial, mas quando se liga a um substantivo, funciona como um atributo.

A Tabela 3.7 abaixo apresenta os símbolos matemáticos utilizados na ARF na conceção do modelo proposto e o seu significado.

Tabela 3.7. Lista de símbolos utilizados na ARF

Símbolo	Significado
S	Lista de lemas e formas de dependência
SC	Lista de categorias de aspectos para revisões de entrada
SL	Conjunto de lemas

s_D	Conjuntos de formulários de dependência
Y	Vetor que contém ocorrências únicas de lemas ou formas de dependência
C	Vetor que contém todas as categorias de aspeto relacionadas com a análise das entradas
X	Vetor de frequência de coocorrência
w	Matriz de peso
A	Vetor de caraterísticas específicas do aspeto

Algoritmo III: Extração de ARF

Entrada
Q: Conjunto de treino
Saída
A: Conjunto de caraterísticas específicas do aspeto

```
Inicializar C,X,Y,W <- 0
Para cada revisão i = 1 a comprimento (Q)
[5, s ]c getLemmasDependencies
Para cada conjunto κ = 1 a comprimento (s)
Para cada termo j = Ipara o comprimento (s(fc))
Contagem de ocorrências de dependências/lemas j
If O(k, j) * κ)
Γ t- odd(s(fc,j))
Fim
Para cada categoria c - 1 até ao comprimento (s )c
Descobrir e adicionar categorias únicas c em C
Iffs^to =# C)
C *- addfs^fc))
Fim
Contagem de co-ocorrências (yc (ci , inXj) em X
If( sc to, s(fcj)) =#X)
X f- add( sc (c),s(fe,/))
x c>i X ч + 1
Fim
Fim
Fim
Fim
Calcular a matriz de pesos para caraterísticas de aspeto
Para cada par de co-ocorrências x = 1 a comprimento (X)
```

```
Se > 0)
w_xj -
"- max(
Fim
Fim
```

O algoritmo III é explicado com a ajuda de um exemplo na figura 3.6.

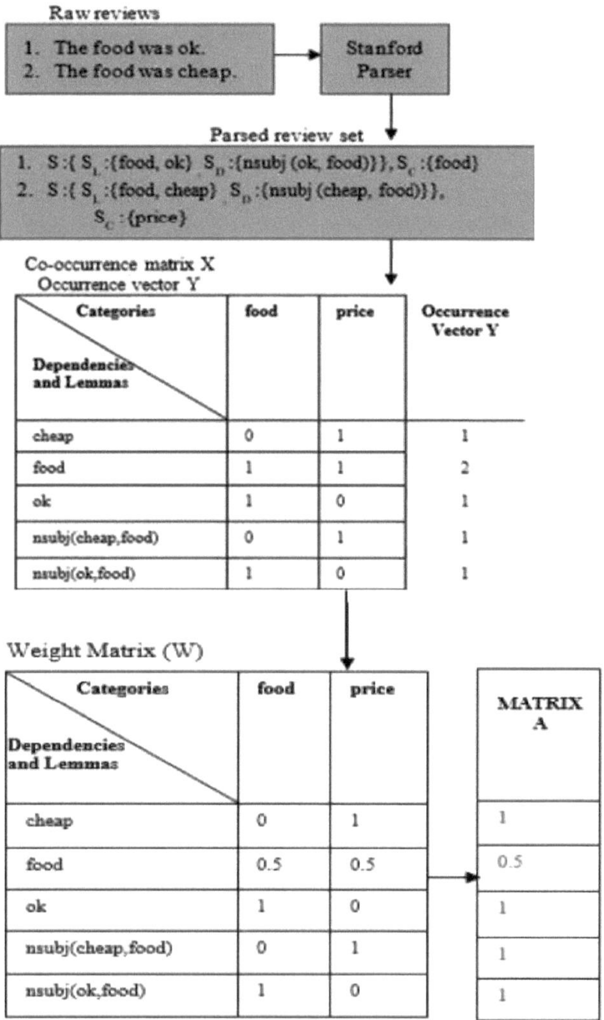

Figura 3.6. Explicação da ARF

3.5.2 Classificação de sentimentos utilizando abordagens ML/DL

Como demonstrado na Figura 3.4, a representação de caraterísticas híbridas foi conseguida através da combinação de ARF e RRF para formar um vetor de caraterísticas híbridas (vetor HAS). Para a classificação do vetor de caraterísticas híbridas de entrada em sentimento positivo, negativo ou neutro, são utilizados os classificadores ML: SVM, NB e RF são utilizados e o classificador DL: Long-Term Short Term (LSTM). A partir do estudo da literatura existente, verificou-se que todos estes classificadores têm várias aplicações na classificação de textos e mostraram melhores desempenhos devido à sua precisão e simplicidade, o que incentiva a sua utilização no trabalho proposto. Além disso, estudos recentes [82-85] demonstraram que o LSTM melhora o desempenho da análise de sentimentos ao lidar com problemas de gradiente explosivo e de desaparecimento e ao efetuar uma análise de sentimentos sequencial, rápida e precisa.

Para a classificação de sentimentos, o vetor de caraterísticas de teste, juntamente com o vetor de caraterísticas de treino e as etiquetas associadas, são dados como entrada para cada um dos classificadores acima referidos.

SVM: O SVM é um método de classificação famoso que é utilizado para localizar um hiperplano num espaço N-dimensional que classifica claramente os pontos de dados [112]. Existem muitos hiperplanos viáveis que podem ser escolhidos para distinguir as duas classes de pontos de dados. O nosso objetivo é descobrir um plano que tenha a distância máxima entre os pontos de dados de ambas as classes. A distância de margem melhorada oferece um aumento que ajuda a classificar os futuros pontos de dados com mais confiança.

RF: Neste algoritmo de classificador de conjunto, várias árvores de decisão são construídas no momento da formação e a classe que é a moda das classes produzidas por cada árvore é fornecida [113]. O RF é conhecido por classificar uma grande quantidade de dados com precisão, uma vez que vários classificadores são criados a partir de subconjuntos mais pequenos dos dados de entrada e, em seguida, os seus resultados distintos são acumulados com base num método de sondagem para produzir a saída prevista do conjunto de dados de entrada. Para avaliar a taxa de erro, dividimos o conjunto de dados em partes de treino e de teste. O conjunto de dados de treino é utilizado para construir a floresta e o conjunto de dados de teste é utilizado para calcular a taxa de erro.

NB: O classificador Naive Bayes multinomial é utilizado porque é eficaz para a classificação com caraterísticas discretas [114][115]. Este classificador probabilístico emprega o teorema da probabilidade de Bayes com a suposição de que não existe qualquer relação entre diferentes caraterísticas para a previsão de classes desconhecidas, como a probabilidade de um determinado registo ou ponto de dados se enquadrar nessa classe. A classe mais provável é demarcada como a que tem a probabilidade máxima.

LSTM: Como demonstrado na Figura 3.4, a representação de caraterísticas híbridas foi conseguida através da combinação de ARF e RRF para formar um vetor de caraterísticas híbridas - HAS. Para a classificação do vetor de caraterísticas híbridas de entrada em sentimento positivo, negativo ou neutro, foi treinado um classificador

LSTM (Long-Term Short Term), como se mostra a seguir.

O principal problema com a utilização de classificadores de redes neuronais e classificadores convencionais é o gradiente de desaparecimento ou o gradiente explosivo. O problema do gradiente de desaparecimento dificulta a aprendizagem de longas sequências de dados [116]. Em resultado do problema do gradiente explosivo, os pesos oscilam, degradando ainda mais a qualidade da rede. Por conseguinte, quando as redes neuronais, como as CNNs/RNNs, tentam armazenar informações em intervalos de tempo alargados, o processo é muito moroso devido a um refluxo de erros inadequado e em declínio.

A rede de Memória de Curto Prazo Longa (LSTM), por outro lado, é um tipo de Rede Neural Recorrente (RNN) competente na aprendizagem da dependência da ordem em problemas de previsão de sequências. Para ultrapassar o problema do gradiente decrescente, a LSTM utiliza uma estrutura de gradiente aditivo única que incorpora o acesso direto às activações das portas de esquecimento em cada passo de tempo do processo de aprendizagem. Deste modo, elimina os problemas de refluxo de erros com uma complexidade computacional mínima de O(1). No trabalho proposto, utilizamos o LSTM para a análise automática do sentimento a partir do vetor de caraterísticas sequenciais recebido para cada revisão sequencial. Aceita o conjunto de dados de treino e o vetor de caraterísticas da amostra de teste HAS:| como entrada para cada revisão.

Suponhamos que a camada de entrada da LSTM recebe o HA S' no intervalo de tempo atual t. A rede LSTM é constituída por uma célula de memória c, uma porta de entrada i, uma porta de saída o e uma porta de esquecimento f [81]. Em cada instante de tempo, os cálculos da rede LSTM consistem em calcular as activações das portas $\{i_t, f_t\}$, , actualizando a sua célula de memória de c_{t-1} para c,., calculando a ativação da porta de saída o_t e produzindo a representação oculta A representação oculta do instante de tempo anterior é Para a função de atualização, são utilizadas no LSTM as seguintes equações

$$i_t = \sigma\left(W_i HAS^i + U_i h_{t-1} + V_i c_{t-1} + b_i\right) \quad (8)$$

$$f_t = \sigma\left(W_f HAS^i + U_f h_{t-1} + V_i c_{t-1} + b_f\right) \quad (9)$$

$$c_t = f_t \Theta\, c_{t-1} + i_t\, \Theta \tanh\left(W_c HAS^i + U_c h_{t-1} + U_c h_{t-1}\right) \quad (10)$$

$$o_t = \sigma\left(W_o HAS^i + U_o h_{t-1} + V_i c_{t-1} + b_o\right) \quad (11)$$

$$h_t = o_t \Theta \tanh(c_t) \quad (12)$$

em que 0 representa um produto de elementos da saída das camadas totalmente ligadas e o é a função logística. A função de ativação tanh mantém o valor da nova informação entre -1 e 1. W_*, U_*, V_* e b_* são pesos diagonais

parâmetros para a porta de entrada, porta de saída, porta de esquecimento e célula de memória. As matrizes de peso $(W_f, W_i, W_o, W_c, U_f, U_i, U_o, U_c)$ e as polarizações

(b_f, b_i, b_o, b_c) não são dependentes do tempo, o que significa que as saídas de diferentes passos de tempo são calculadas utilizando as mesmas matrizes de peso.

As portas de entrada e de esquecimento trabalham em conjunto para atualizar a célula de memória. A porta de esquecimento examina a parte da memória a ser esquecida, enquanto uma porta de entrada estima novos valores de acordo com a visão atualmente armazenada na célula de memória. Como resultado da porta de saída e da célula de memória, a descrição oculta é estimada. Devido ao facto de a ativação do LSTM incluir a soma ao longo do tempo e as derivadas distribuídas pelas somas, o gradiente no LSTM espalha-se por períodos mais longos e acaba por desaparecer. A camada totalmente conectada seguida da camada softmax trabalha na classificação das caraterísticas de entrada em classes correspondentes apropriadas de acordo com o conjunto de dados de treino. A camada de saída gera o resultado final da deteção de sentimentos. A lista de hiperparâmetros utilizados para a conceção do classificador LSTM é apresentada na tabela 3.8.

Tabela 3.8 Lista de hiperparâmetros LSTM

Nome do parâmetro	Valor
Número de camadas ocultas	5
Função de ativação	tanh
Tamanho do lote	27
Número de épocas	70
Taxa de aprendizagem	0.1
Número de turmas	3
Limiar de gradiente	1

A partir do estudo da literatura existente, verificou-se que todos estes classificadores têm várias aplicações na classificação de textos e têm mostrado melhores desempenhos devido à sua precisão e simplicidade, o que incentiva a sua utilização no trabalho proposto. Para a classificação do sentimento, o vetor de caraterísticas de teste, juntamente com o vetor de caraterísticas de treino e as etiquetas associadas, são dados como entrada a cada um dos classificadores acima mencionados.

3.6 Resultados experimentais

O trabalho proposto utiliza a ferramenta MATLAB, o sistema operativo Windows 11 com um processador i5 para a avaliação da investigação. O conjunto de dados de avaliações de restaurantes SemEval-2014, o conjunto de dados de avaliações de produtos da Amazon e o conjunto de dados Sentiment140 foram utilizados para avaliar o modelo proposto e compará-lo com os métodos recentes mais avançados. O conjunto de dados de restaurantes SemEval-2014 inclui 3000 avaliações de treino e 800 avaliações de teste. O conjunto de dados de avaliações de produtos da Amazon contém aproximadamente 48500 avaliações que abrangem três categorias de produtos: artigos electrónicos, telemóveis e acessórios e instrumentos musicais. Existem 21600 avaliações para telemóveis, 24352 avaliações para produtos electrónicos e 2548 avaliações para instrumentos musicais. O conjunto de dados Sentiment140 contém 1,6 milhões de tweets anotados.

Para demonstrar a eficácia da metodologia de engenharia de caraterísticas híbridas, o desempenho do HAS foi primeiramente comparado com os métodos RRF e ARF propostos, empregando classificadores SVM, RF, NB e LSTM no conjunto de dados de críticas de restaurantes SemEval-2014. As diferentes métricas utilizadas para comparar o desempenho são a medida F1, a exatidão, a recordação, a precisão e o tempo médio de análise do sentimento (ASAT). A medida F1 é calculada da seguinte forma:

$$F1 - score = \frac{2 \times P \times R}{P + R} \quad (13)$$

Na equação acima, R significa Recall e P significa precisão, que são calculados da seguinte forma:

$$P = \frac{TP}{FP + TP} \quad (14)$$

$$R = \frac{TP}{FN + TP} \quad (15)$$

TP significa True Positive (verdadeiro positivo), FN significa False Negative (falso negativo) e FP significa False Positive (falso positivo) da categorização de sentimentos. A exatidão é calculada utilizando a equação seguinte:

$$Accuracy = \frac{TP + TN}{TP + FP + TN + FN} \quad (16)$$

O ASAT representa o tempo médio de processamento, ou seja, o tempo de computação da categorização de sentimentos. Para a estimativa do parâmetro de avaliação ASAT, são executadas 50 instâncias de classificação da análise de sentimentos.

3.6.1 Avaliação do desempenho de RRF, ARF e HAS

A avaliação do desempenho do ARF para a previsão de categorias de aspectos e a avaliação do desempenho do RRF, do ARF e do HAS utilizando SVM, RF, NB e LSTM são apresentadas nesta secção utilizando o conjunto de dados de críticas de restaurantes SemEval-2014. A Tabela 3.9 mostra as pontuações de avaliação do ARF para a previsão de categorias de aspectos. Pode ver-se que as pontuações de avaliação são menores para o aspeto ambiente em comparação com outros aspectos: comida, serviço, preço, diversos. Talvez isto se deva à natureza deste aspeto em particular, uma vez que geralmente não é especificado numa frase por uma palavra, mas é derivado de uma frase como um todo.

Tabela 3.9 Pontuações de avaliação da ARF para a previsão de categorias de aspectos

Categoria de aspeto	Precisão	Recall	Pontuação F1
Ambiente	0.795	0.752	0.771
Diversos	0.826	0.774	0.799
Alimentação	0.889	0.953	0.919

Preço	0.876	0.804	0.839
Serviço	0.879	0.906	0.893

As Figuras 3.7-3.10 mostram os resultados da pontuação F1, da precisão, da recuperação e da exatidão, e os respectivos valores são apresentados nas Tabelas 3.10, 3.11, 3.12 e 3.13, respetivamente.

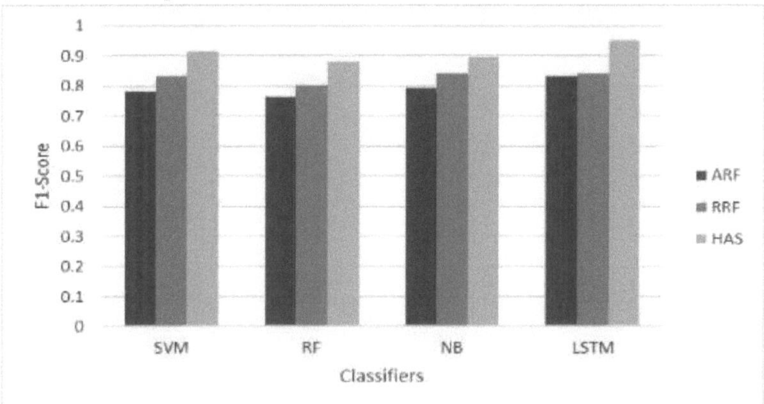

Figura 3.7. Análise do Fl-score utilizando diferentes classificadores e técnicas de engenharia de caraterísticas

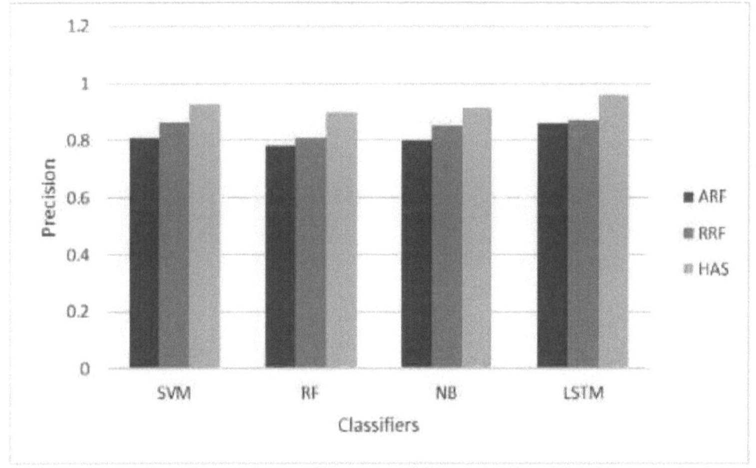

Figura 3.8. Análise da precisão utilizando diferentes classificadores e técnicas de engenharia de caraterísticas

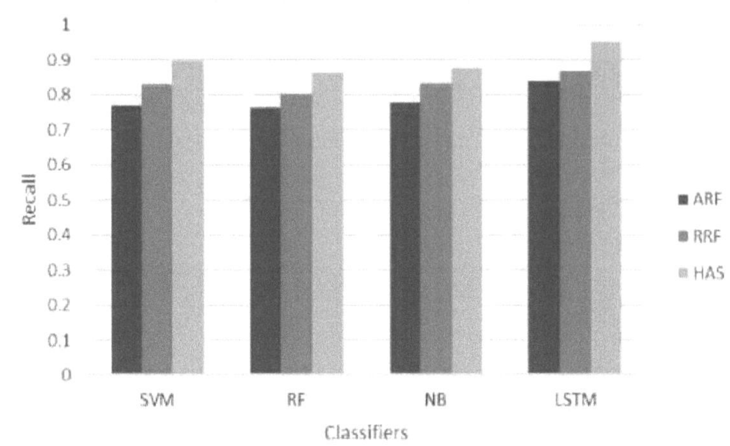

Figura 3.9. Análise da recuperação utilizando diferentes classificadores e técnicas de engenharia de caraterísticas

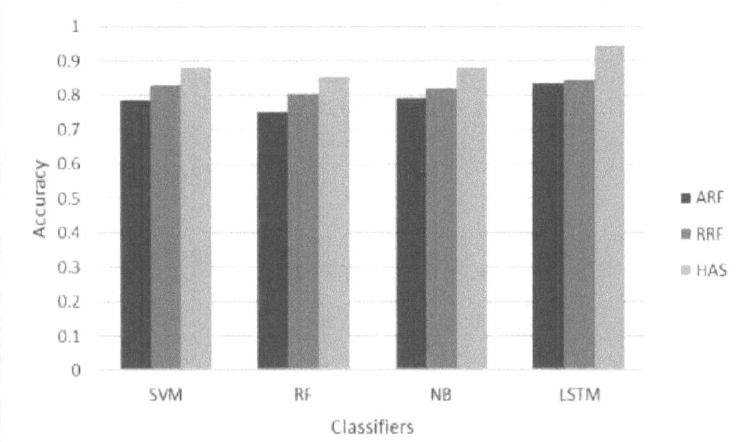

Figura 3.10. Análise da exatidão utilizando diferentes classificadores e técnicas de engenharia de caraterísticas

Tabela 3.10 Análise da pontuação F1 utilizando diferentes classificadores e técnicas de engenharia de caraterísticas

Pontuação Fl	**SVM**	**RF**	**NB**	**LSTM**
ARF	0.781	0.764	0.793	0.831
RRF	0.832	0.803	0.842	0.842
HAS	0.913	0.881	0.895	0.951

Tabela 3.11 Análise da precisão utilizando diferentes classificadores e técnicas de engenharia de caraterísticas

Precisão	SVM	RF	NB	LSTM
ARF	0.807	0.781	0.797	0.858
RRF	0.864	0.809	0.853	0.869
HAS	0.927	0.899	0.913	0.959

Tabela 3.12 Análise da recuperação utilizando diferentes classificadores e técnicas de engenharia de caraterísticas

Recall	SVM	RF	NB	LSTM
ARF	0.771	0.764	0.778	0.838
RRF	0.828	0.803	0.833	0.869
HAS	0.899	0.862	0.877	0.952

Tabela 3.13 Análise da exatidão utilizando diferentes classificadores e técnicas de engenharia de caraterísticas

Exatidão	SVM	RF	NB	LSTM
ARF	0.785	0.752	0.791	0.835
RRF	0.829	0.802	0.819	0.843
HAS	0.881	0.852	0.879	0.947

Pode observar-se, a partir da análise da medida F1, da precisão, da recordação e da exatidão, que o método de engenharia de caraterísticas híbridas deu resultados muito melhores para a classificação de sentimentos do que a ARF e a RRF utilizando LSTM. A estratégia HAS engloba as questões associadas ao sarcasmo, à negação, à ambiguidade, às emoções, às opiniões e aos sentimentos relativamente aos diferentes aspectos, o que constitui a principal causa desta melhoria do desempenho. A combinação de n-gramas, TF-IDF e caraterísticas específicas dos emoticons resulta na obtenção do vetor RRF. Constrói com êxito o vetor de caraterísticas híbridas, que transmite a frequência das palavras que ocorrem em cada avaliação, juntamente com caraterísticas específicas dos emoticons. Para limitar ainda mais os erros de análise de sentimentos, a abordagem ARF emprega a estratégia de frequência de coocorrência para gerir frases sarcásticas e ambíguas. A RRF superou a ARF em termos de resultados, uma vez que conseguiu lidar com negações, opiniões e emoções.

As Figuras 3.11 e 3.12 mostram o desempenho da pontuação F1 e do ASAT com diferentes tamanhos de conjuntos de dados de treino. O conjunto de dados de treino foi dividido em grupos mais pequenos, de dimensões variáveis, utilizando o processo de amostragem estratificada. Cada iteração resulta num aumento de 10% nos dados de treino, como ilustrado nas figuras. 3.11 e 3.12. O método HAS supera as técnicas ARF e RRF em termos de desempenho da pontuação F1. Como existe uma grande quantidade de dados rotulados disponíveis para uma previsão precisa, o desempenho da medida F1 melhora à medida que o tamanho dos dados aumenta. De acordo com a análise ASAT, a HAS requer mais tempo de processamento do que as estratégias de extração de caraterísticas ARF e RRF. No entanto, tendo em conta as melhorias que o vetor de caraterísticas híbrido mostrou no SA, é aceitável.

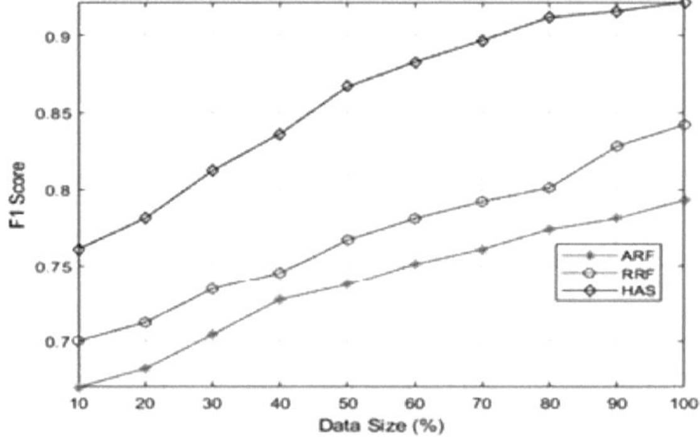

Figura 3.11. Exame da pontuação F1 com alteração da dimensão dos dados

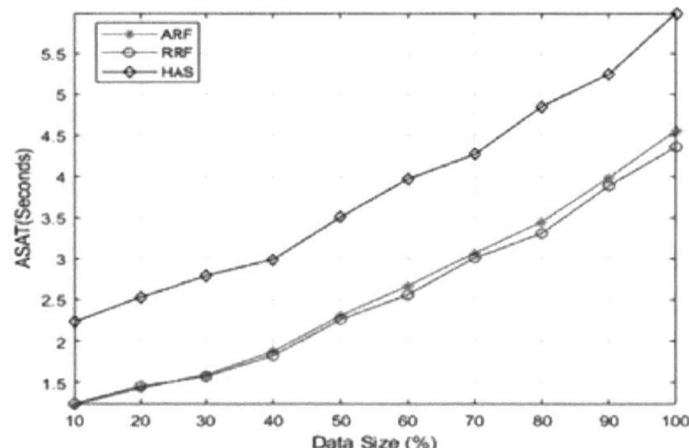

Figura 3.12. Exame ASAT com alteração da dimensão dos dados

3.6.2 Análise RM utilizando classificadores baseados em ML e DL em diferentes conjuntos de dados

Esta secção apresenta a análise comparativa da fase de extração de críticas do modelo proposto utilizando classificadores ML e DL nos três conjuntos de dados, nomeadamente SemEval- 2014, Sentiment140 e o conjunto de dados de críticas de produtos da Amazon. As figuras 3.13-3.17 demonstram os resultados dos parâmetros F1-score, precision, recall, accuracy e ASAT, e os respectivos valores são apresentados nas tabelas 3.14, 3.15, 3.16, 3.17 e 3.18, respetivamente. A avaliação do modelo proposto é efectuada utilizando classificadores ML: Support Vetor Machine (SVM), Random Forest (RF), Naive Bayes (NB) e o classificador DL LSTM.

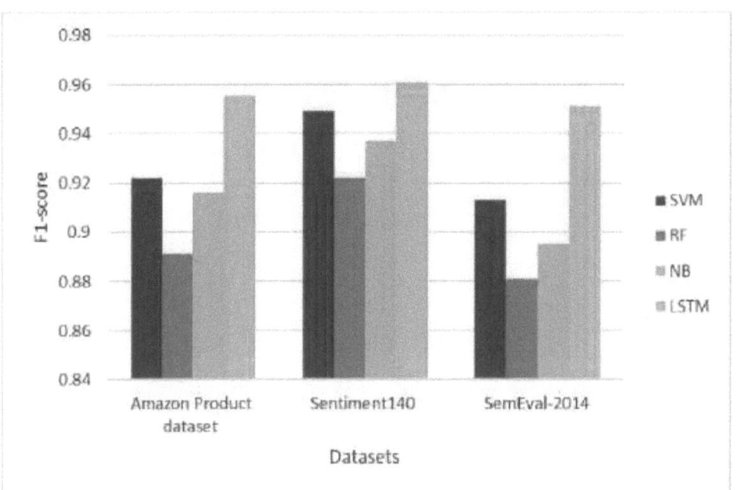

Figura 3.13. Análise da pontuação F1 utilizando diferentes conjuntos de dados

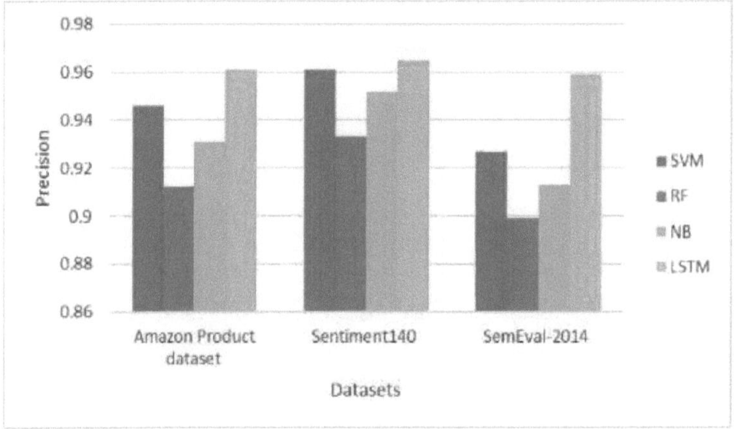

Figura 3.14. Análise da precisão utilizando diferentes conjuntos de dados

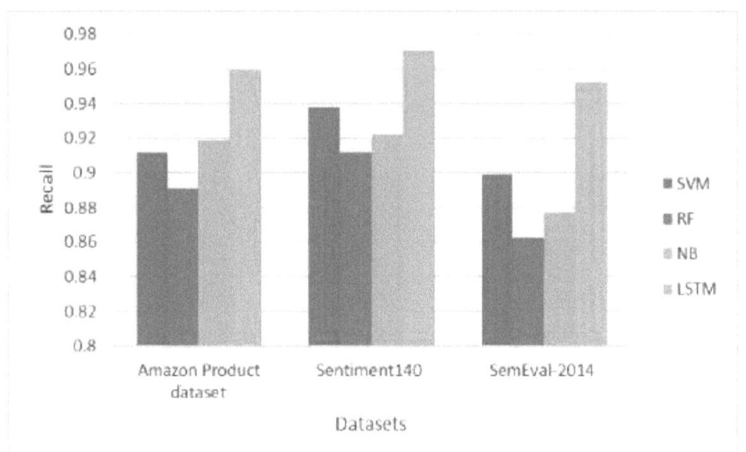

Figura 3.15. Análise da recuperação utilizando diferentes conjuntos de dados

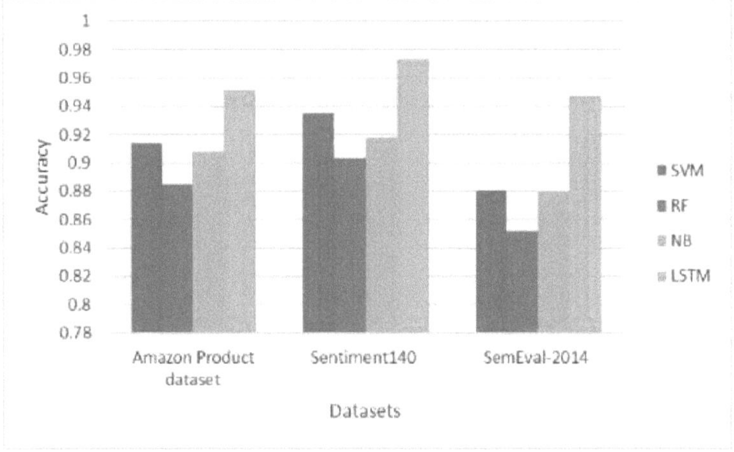

Figura 3.16. Análise da exatidão utilizando diferentes conjuntos de dados

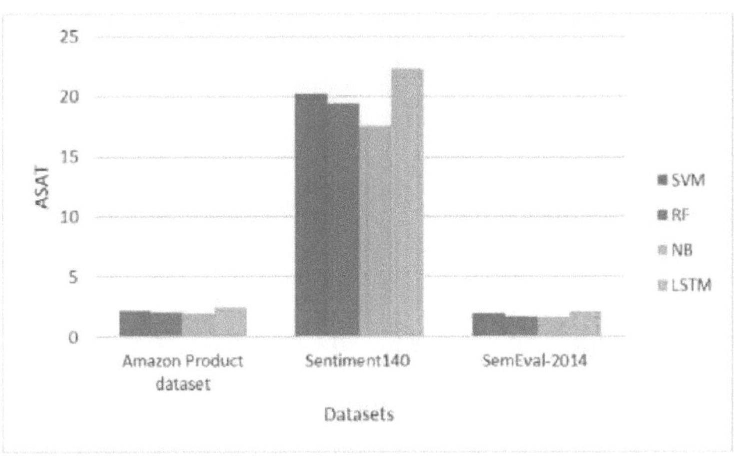

Figura 3.17. Análise ASAT utilizando diferentes conjuntos de dados

Tabela 3.14 Análise da pontuação F1 utilizando classificadores baseados em ML e DL em diferentes conjuntos de dados

Pontuação Fl	SVM	RF	NB	LSTM
Conjunto de dados de produtos Amazon	0.922	0.891	0.916	0.945
Sentimento140	0.939	0.922	0.937	0.956
SemEval-2014	0.913	0.881	0.895	0.951

Tabela 3.15 Análise da precisão utilizando classificadores baseados em ML e DL em diferentes conjuntos de dados

Precisão	SVM	RF	NB	LSTM
Conjunto de dados de produtos Amazon	0.946	0.912	0.931	0.956
Sentimento140	0.961	0.933	0.950	0.963
SemEval-2014	0.927	0.899	0.913	0.954

Tabela 3.16 Análise de recuperação utilizando classificadores baseados em ML e DL em diferentes conjuntos de dados

Recall	SVM	RF	NB	LSTM
Conjunto de dados de produtos da Amazon	0.912	0.891	0.919	0.954
Sentimento140	0.938	0.912	0.922	0.965
SemEval-2014	0.899	0.862	0.877	0.947

Tabela 3.17 Análise da exatidão utilizando classificadores baseados em ML e DL em diferentes conjuntos de dados

Exatidão	SVM	RF	NB	LSTM

Conjunto de dados de produtos Amazon	0.914	0.885	0.908	0.946
Sentimento140	0.935	0.903	0.918	0.967
SemEval-2014	0.881	0.852	0.879	0.945

Tabela 3.18 Análise ASAT utilizando classificadores baseados em ML e DL em diferentes conjuntos de dados

Precisão	**SVM**	**RF**	**NB**	**LSTM**
Conjunto de dados de produtos da Amazon	2.18	2.03	1.93	2.45
Sentimento140	20.23	19.39	17.56	22.31
SemEval-2014	1.89	1.71	1.62	2.11

Os resultados da pontuação F1 (figura 3.13), da precisão (figura 3.14), da recordação (figura 3.15) e da exatidão (figura 3.16) demonstram que o modelo proposto - RASADL - melhora significativamente o desempenho da classificação em comparação com as técnicas convencionais de ML. Os classificadores: SVM, RF, NB e LSTM foram aplicados aos resultados da extração de caraterísticas híbridas. Pode observar-se que a eficiência global de SA dos classificadores ML variou entre 0,85 e 0,94, no entanto, a eficiência global de SA dos classificadores LSTM variou entre 0,94 e 0,96 para os parâmetros F1-score, precisão, recuperação e exatidão. A rede LSTM gera previsões com base na forma como os dados da sequência mudam ao longo do tempo com base na entrada de dados da sequência. A rede LSTM supera eficazmente os problemas dos classificadores convencionais associados a gradientes de desaparecimento e erros de classificação. Inclui também uma vasta gama de parâmetros, tais como polarizações de entrada, polarizações de saída e taxas de aprendizagem, pelo que não são necessárias modificações finas. O LSTM é vantajoso em relação aos classificadores ML, uma vez que a complexidade da atualização de cada peso é reduzida, à semelhança do Back Propagation Through Time (BPTT).

É também efectuada a análise de diferentes conjuntos de dados com o modelo SA proposto, utilizando classificadores ML e DL. O conjunto de dados Sentiment140 apresentou desempenhos mais elevados em termos de pontuação F1 (figura 3.13), precisão (figura 3.14), recuperação (figura 3.15) e exatidão (figura 3.16), em comparação com outros conjuntos de dados SemEval-2014 e o conjunto de dados de avaliações de produtos da Amazon. Esta melhoria deve-se ao facto de existirem cerca de 1,60,000 avaliações no conjunto de dados Sentiment140, que é muito maior do que os outros dois conjuntos de dados. Isso permite classificações mais precisas usando cada classificador devido ao grande número de amostras para cada classe no conjunto de dados. O SemEval-2014 apresentou uma eficiência mais baixa utilizando cada classificador do que os conjuntos de dados Amazon product reviews e Sentiment140, uma vez que tem menos amostras de treino. O modelo proposto baseado em LSTM superou o outro modelo SA baseado em ML.

A Figura 3.17 mostra os resultados do ASAT utilizando cada classificador. Pode observar-se que o modelo RASA baseado em LSTM (RASADL) tem um ASAT mais elevado em comparação com os outros classificadores. A razão óbvia é o facto de os métodos baseados em DL demorarem mais tempo a treinar e a classificar. . No entanto, tendo em conta as melhorias que demonstrou no SA, é aceitável. Entre os três classificadores ML: NB, SVM e RF, a técnica de engenharia de caraterísticas proposta que emprega SVM tem um melhor desempenho em termos de F1-score, recordação, exatidão e precisão do que os outros dois.

3.7 Resumo

Foi proposto um novo método de análise de sentimentos baseado em aspectos para garantir uma perda mínima de informação e uma representação exacta das caraterísticas. Utilizando o método híbrido de extração de caraterísticas proposto neste capítulo, as críticas pré-processadas de entrada podem ser transformadas em vectores de caraterísticas significativas, permitindo a realização de uma análise de sentimentos eficiente, fiável e robusta. Pode observar-se, a partir do exame da medida F1, da precisão, da recordação e da exatidão, que o método híbrido de engenharia de caraterísticas deu resultados muito melhores para a classificação de sentimentos do que a ARF e a RRF utilizando LSTM. Além disso, de acordo com a análise ASAT, o método HAS requer mais tempo de processamento do que as estratégias de extração de caraterísticas ARF e RRF. No entanto, tendo em conta as melhorias que o vetor de caraterísticas híbrido mostrou no SA, é aceitável.

Capítulo 4

Sumarização automática de comentários de clientes usando um modelo de análise de sentimento híbrido baseado em aprendizagem profunda

4.1 Introdução

Na era moderna, é comum os clientes publicarem opiniões sobre serviços e produtos. Estas avaliações podem dar às empresas uma melhor compreensão dos seus pontos fortes e fracos. No entanto, o seu grande volume dificulta o controlo individual das avaliações por parte dos proprietários das empresas. Por conseguinte, é necessária uma estrutura eficaz de Resumos de Avaliações de Clientes (CRS) para fornecer aos proprietários de empresas informações resumidas sobre o que os seus consumidores pensam sobre os seus produtos/serviços. A funcionalidade do SIR depende principalmente do modelo SA/ABSA. Neste capítulo, discute-se o desenvolvimento de um modelo SIR que utiliza um modelo robusto de análise de sentimentos baseado em aspectos com recurso à aprendizagem profunda (RASADL-CRS) para apresentar dados resumidos e ajudar as empresas a obter informações substanciais sobre o comportamento e as escolhas dos seus consumidores. O modelo automático RASADL-CRS proposto consiste em duas fases: RASADL e CRS. O RASADL inclui o pré-processamento da análise, a extração de caraterísticas e a categorização/classificação do sentimento. Utilizando técnicas de PNL (Processamento de Linguagem Natural), a fase de pré-processamento elimina material estranho das revisões de texto. Para extrair as caraterísticas de forma eficaz, é apresentada uma técnica híbrida que inclui caraterísticas relacionadas com a revisão e caraterísticas relacionadas com o aspeto para construir um vetor de caraterísticas híbrido distinto para todas as revisões. Os comentários de entrada são classificados utilizando o classificador DL Long Short-Term Memory (LSTM). A fase CRS efectua a sumarização automática utilizando o resultado do RASADL. O modelo proposto foi testado utilizando diferentes conjuntos de dados de investigação. Os resultados mostram que o modelo proposto é mais eficiente do que as técnicas subjacentes.

4.2 Contribuições

Neste capítulo, é proposta uma nova estrutura de classificação e sumarização automática de sentimentos. O modelo RASADL-CRS sugerido neste artigo inclui as fases de pré-processamento, extração de caraterísticas, classificação DL e sumarização. De seguida, apresentam-se algumas contribuições que demonstram a novidade do modelo RASADL-CRS proposto:

- Esta é a primeira estrutura consolidada para a classificação eficiente de sentimentos, seguida de um resumo automático de críticas a partir das críticas de entrada, utilizando a abordagem híbrida de extração de caraterísticas, classificação LSTM e algoritmo CRS robusto.

-Para enfrentar os desafios das ambiguidades/sarcasmo, emoções, sentimentos e opinião através da extração de caraterísticas, é proposta uma nova abordagem híbrida de extração de caraterísticas utilizando ARF e RRF. A técnica ARF codifica as caraterísticas de forma a abordar frases ambíguas e sarcásticas numa recensão. Como parte da RRF, são utilizados vários métodos como o n-grama, a frequência de termos - frequência inversa de documentos (TF-IDF), polaridades de emoticons para tornar as representações emocionais mais exactas.

- O classificador LSTM é treinado com três conjuntos de dados diferentes para a classificação das avaliações de entrada em classes negativas, positivas ou neutras.
- Foi concebido um algoritmo robusto para o SIR automático a partir da análise de entrada. Para produzir o resumo da análise de entrada, são utilizadas análises pré-processadas, resultados calculados pelo ARF e pelo classificador LSTM.
- São apresentados resultados experimentais exaustivos para a avaliação dos métodos RASADL e CRS propostos, utilizando diferentes conjuntos de dados.

4.3 Materiais e métodos

4.3.1 Recolha e pré-processamento do conjunto de dados

O conjunto de dados de críticas de restaurantes SemEval-2014, o conjunto de dados de críticas de produtos da Amazon e o conjunto de dados Sentiment140 foram utilizados para avaliar o modelo proposto e compará-lo com os métodos recentes mais avançados.

O conjunto de dados de críticas de restaurantes do SemEval-2014 inclui 3000 críticas de treino e 800 críticas de teste. Todas as críticas neste conjunto de dados têm pelo menos um termo de aspeto anotado e são especificadas num formato de frase. Um conjunto de dados de avaliações de produtos da Amazon contém aproximadamente 48500 avaliações que abrangem três categorias de produtos: artigos electrónicos, telemóveis e acessórios e instrumentos musicais. Existem 21600 avaliações para telemóveis, 24352 avaliações para eletrónica e 2548 avaliações para instrumentos musicais. O conjunto de dados Sentiment140 é composto por 1,6 milhões de tweets anotados (0 refere-se a um tweet negativo, 2 refere-se a um tweet neutro e 4 refere-se a um tweet positivo).

Os conjuntos de dados acima referidos são selecionados de modo a investigar o modelo proposto em conjuntos de dados de média e grande dimensão. O conjunto de dados de média dimensão SemEval-2014, relativo a críticas de restaurantes, foi selecionado porque visa facilitar uma investigação mais aprofundada, fornecendo um novo quadro ABSA que permite que todos os componentes de uma opinião (aspectos, expressões-alvo da opinião, polaridades do sentimento) satisfaçam um conjunto de especificações e se liguem entre si em tuplas. Também testámos a abordagem proposta em conjuntos de dados de grande dimensão, como o conjunto de dados de análises de produtos da Amazon e o conjunto de dados do Twitter Sentiment 140. O conjunto de dados do twitter Sentiment 140 é utilizado para provar a necessidade de incluir o vetor de caraterísticas específicas dos emoticons nas caraterísticas relacionadas com o aspeto apresentadas no estudo.

Pré-processamento do conjunto de dados

O pré-processamento dos três conjuntos de dados constituídos por críticas em bruto é efectuado utilizando o algoritmo mencionado no capítulo 3, removendo e corrigindo o texto complexo e desnecessário.

4.3.2 Arquitetura proposta

Esta secção apresenta a nova abordagem consolidada do SIR baseado em RASA utilizando algoritmos eficientes.

Como mostra a Figura 4.1, o modelo RASADL-CRS sugerido consiste em quatro fases: pré-processamento, engenharia de caraterísticas híbridas, classificação de aprendizagem profunda e resumo. As avaliações de entrada em bruto são primeiro pré-processadas com a ajuda de técnicas de PNL. O algoritmo de pré-processamento realiza operações como remoção de palavras de parada, stemming, remoção de URL, etc. A fase de engenharia híbrida efectua a codificação dos comentários pré-processados no vetor de caraterísticas numéricas únicas utilizando ARF e RRF. A fase de classificação DL emprega o classificador LSTM sequencial para classificar a revisão de entrada em classes negativas, positivas ou neutras. Finalmente, os sentimentos classificados, juntamente com a ARF e as revisões pré-processadas, são fornecidos como entrada para a fase de sumarização. O modelo de sumarização de texto é concebido utilizando o ARF e os resultados da classificação, como se mostra na figura 4.1.

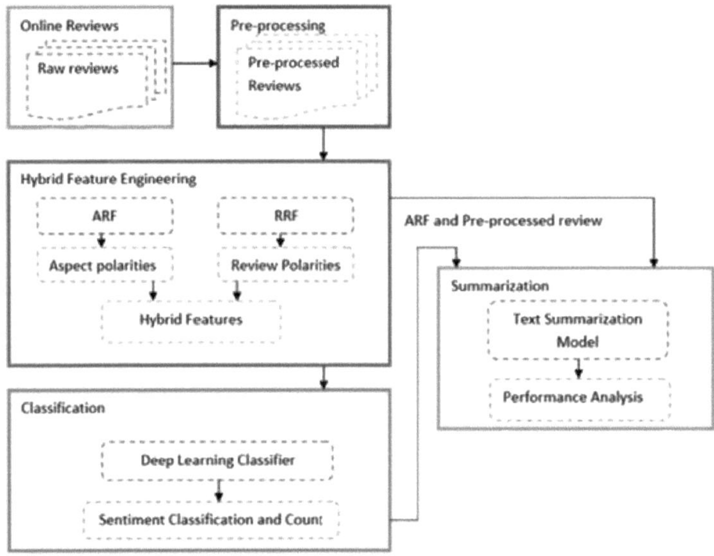

Figura 4.1. Arquitetura do modelo SA e RS proposto

4.3.2.1 Modelo RS

A última fase do modelo proposto envolve a sumarização das avaliações dos clientes de acordo com o resultado da classificação RASADL. O modelo SIR representa a perceção do cliente sobre os comentários de entrada relativos aos produtos/serviços de uma forma positiva, negativa ou neutra. A Figura 4.2 e o algoritmo IV demonstram a conceção do modelo SIR sugerido.

Como mostra a figura 4.2, o novo modelo SIR leve proposto utiliza como entrada as recensões pré-processadas, o resultado da classificação SA e o vetor ARF. A recensão pré-processada é posteriormente processada para obter a lista de tokens em Tl. O resultado da classificação é registado na variável SA, que contém a palavra "positivo", "negativo" ou "neutro". Finalmente, na variável *VV*, são codificados os termos de aspeto da lista extraídos no algoritmo III. Os três resultados Γ1, 7*2, e 5Л são concatenados para construir o vetor V de todos os tokens relevantes para a recensão de entrada. No vetor V, a função extract^iimmary (.), que emprega o algoritmo TextRank, é aplicada para obter o resumo inicial, que é optimizado pelo título da SA. A função concatenar (.) tem como objetivo produzir a lista fundida de todos os tokens em *V*. A segunda função *atrcat* (j) tem como objetivo produzir o resultado da AS como um título seguido do resumo para cada revisão de entrada. A Tabela 4.1 mostra alguns exemplos do modelo CS proposto.

Quadro 4.1 Exemplos de resultados do modelo de RS

Críticas cruas	Resultado RS
"A comida é sempre fresca e quente - pronta a comer!"	Positivo "Comida fresca e quente"
"@VirginAmerica Hoje não tive... Deve significar que preciso de fazer outra viagem!"	Neutro "Preciso de outra viagem"
"Fiquei muito desiludido com este telemóvel"	Negativo "telemóvel dececionante"
"Ótimo para leitura eletrónica em viagem, leve e agradável e, pelo preço indicado, vale mesmo a pena comprar"	Positivo "Óptima leitura eletrónica, preço leve e agradável, vale a pena comprar"
"Ainda não comi uma costeleta de borrego, é deliciosa, as saladas são muito boas temperadas com limão e azeite virgem extra."	Positivo "Costeleta de borrego deliciosa comida de salada"

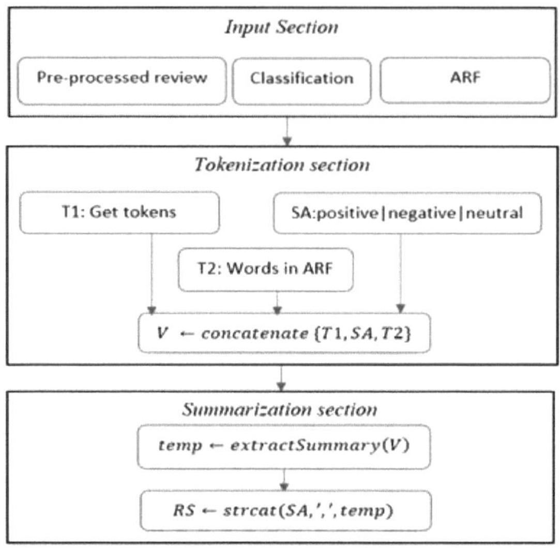

Figura 4.2. Arquitetura do modelo de SIR proposto

Algoritmo IV: SIR

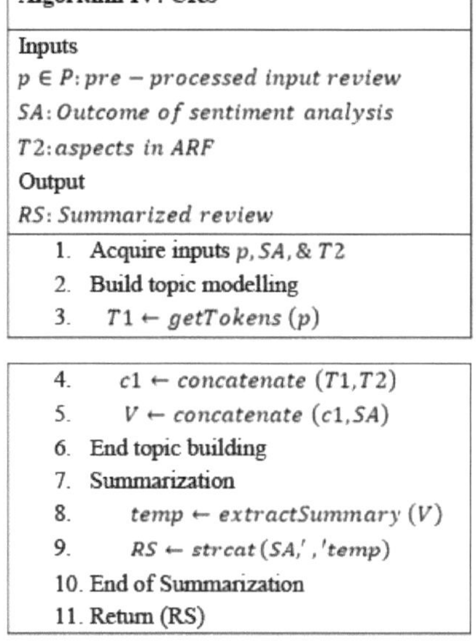

Algorithm IV: CRS

Inputs
$p \in P: pre - processed\ input\ review$
$SA: Outcome\ of\ sentiment\ analysis$
$T2: aspects\ in\ ARF$
Output
$RS: Summarized\ review$

```
Acquire inputs p, SA, & T2
Build topic modelling
  T1 ← getTokens (p)
  c1 ← concatenate (T1,T2)
  V ← concatenate (c1,SA)
End topic building
Summarization
  temp ← extractSummary (V)
  RS ← strcat (SA,' ,'temp)
End of Summarization
Return (RS)
```

4.4 Resultados experimentais e análise

4.4.1 Métricas de avaliação para os métodos de resumo da análise do cliente (CRS)

Os métodos SIR são avaliados utilizando métricas de desempenho comummente utilizadas, designadas Recall-Oriented Understudy for Gisting Evaluation (ROUGE). Trata-se basicamente de um conjunto de métricas que podem ser utilizadas para avaliar a sumarização automática de textos e traduções automáticas. As diferentes métricas que fazem parte do ROUGE incluem ROUGE-N, Recall, Precisão, F1-score, ROUGE-L, ROUGE-S, etc. Compara um resumo ou uma tradução gerados automaticamente com resumos de referência (normalmente produzidos por humanos). No sistema proposto, estamos a utilizar ROUGE-N e ROUGE-L.

A pontuação ROUGE-N é uma contagem de 'n-gramas' correspondentes entre o texto gerado pelo modelo e o texto de referência [117]. Nos n-gramas, as n palavras são agrupadas numa ordem próxima com base no conjunto de dados fornecido. Os n-gramas são designados por unigrama, bigrama, trigrama, etc., quando o valor de n é 1, 2, 3, etc., respetivamente. No trabalho proposto, estamos a substituir n por 1 e 2 e, consequentemente, a calcular ROUGE-1 e ROUGE-2, o que significa que estamos a medir a taxa de correspondência de unigramas e bigramas entre o modelo proposto gerado e o texto de referência. A métrica ROUGE-N é calculada utilizando a equação seguinte [118]:

$$\mathrm{ROUGE} - \mathrm{N}_{\mathrm{single}}(\mathrm{candidate.reference}) = \frac{\sum_{r_i \in \mathrm{reference}} \sum_{n-\mathrm{gram} \in r_i} \mathrm{Count}\ (\mathrm{n-gram.candidate})}{\sum_{r_i \in \mathrm{reference}} \mathrm{numNgrams}(r_i)} \quad (13)$$

em que n indica o comprimento do n-grama e count (n-grama, candidato) indica o número máximo de n-gramas que aparecem no resumo do candidato.

O ROUGE-L baseia-se na mais longa subsequência comum (LCS) entre o resumo gerado pelo modelo e o texto de referência, ou seja, a mais longa sequência de palavras que são partilhadas por ambos (não necessariamente consecutivas, mas ainda assim por ordem) [119]. Quanto mais longa for a sequência partilhada, maior é a semelhança entre as duas sequências.

Dado um documento candidato e um único documento de referência, a união dos LCS é dada por

$$LCS_{\cup}(candidate, reference) = \cup_{r_i \in reference}\{w \mid w \in LCS(candidate, r_i)\} \quad (17)$$

em que LCS(candidate, *ri*) indica LCS no documento candidato e a frase *ri* indica uma frase no documento de referência.

A métrica ROUGE-L é a medida da pontuação F. Para a calcular, são necessários os primeiros cálculos das pontuações de recuperação e precisão utilizando as seguintes equações:

$$R_{lcs}(candidate, reference) = \frac{\sum_{r_i \in reference} |LCS_{\cup}(candidate, r_i)|}{numWords(reference)} \quad (18)$$

$$P_{lcs}(candidate, reference) = \frac{\sum_{r_i \in reference} |LCS_{\cup}(candidate, r_i)|}{numWords(reference)} \quad (19)$$

Em seguida, a métrica ROUGE-L entre o documento candidato e o documento de referência único é fornecida pela medida F-score como:

$$ROUGE\text{-}L_{single}(candidate, reference) = \frac{(1+\beta^2) R_{lcs}(candidate, reference) P_{lcs}(candidate, reference)}{R_{lcs}(candidate, reference) + \beta^2 P_{lcs}(candidate, reference)} \quad (20)$$

em que o parâmetro β controla a importância relativa da precisão e da recuperação.

Devido à tendência da pontuação ROUGE para a recuperação, β é normalmente definido para um valor elevado [120] [118].

4.4.2 Análise do desempenho do SIR

O modelo proposto RASADL-CRS é constituído pelas fases RASADL e CRS. A investigação do modelo RASADL já foi efectuada no capítulo anterior. A Tabela 4.2 mostra a análise de desempenho da fase SIR utilizando três métricas de desempenho: ROUGE-1, ROUGE-2 e ROUGE-L. A média dos resultados da RS é obtida através da recolha de 10 amostras de cada conjunto de dados. É efectuada a análise de 30 avaliações para a RS e, em seguida, são medidos os parâmetros ROUGE-1, ROUGE-2 e ROUGE-L para o modelo SIR proposto. O modelo SIR proposto atinge um bom desempenho de RS devido à inclusão dos resultados RASADL e ARF, bem como da função de resumo abstrato. De acordo com o resultado RASADL, a abordagem de RS proposta produziu um resumo da revisão e classificou-a em classes positivas, negativas ou neutras.

Tabela 4.2 Análise de desempenho do parâmetro de resumo de revisão ROUGE

Método	Rouge-1	Rouge-2	Rouge-L
SIR	19.31	7.67	18.71

4.5 Resumo

O modelo RASADL-CRS proposto neste trabalho analisa automaticamente os comentários de entrada em bruto e gera o resumo dos sentimentos. O RASADL-CRS lida eficazmente com vários problemas, tais como a fraca precisão do SA causada por métodos de extração de caraterísticas ineficazes, a fraca eficiência computacional, a falta de escalabilidade e avaliações experimentais insuficientes. O modelo proposto foi concebido de forma a lidar com emoções, negações, sentimentos, sarcasmo, ambiguidade e extração de caraterísticas relacionadas com aspectos e representa cada crítica de forma única e precisa para uma classificação eficiente. Os resultados experimentais demonstram que o modelo RASADL supera os modelos existentes utilizando os diferentes conjuntos de dados como o SemEval-140, Sentiment140, e os conjuntos de dados de avaliação de produtos da Amazon. Além disso, o modelo RASADL-CRS tem uma fase CRS que recebe três entradas: revisões pré-processadas, resultados RASADL e resultados ARF, e produz um resumo mais eficaz para cada revisão de entrada. Os resultados experimentais comprovam a eficiência do modelo CRS proposto.

Capítulo 5

Investigações de ponta

5.1 Introdução

A abordagem proposta consiste em duas fases: RASADL e CRS. A secção 5.3 apresenta a comparação do modelo RASADL proposto com alguns dos métodos SA/ABSA recentes: SABSA, SentiVec, TF-IDF+N-gram+SVM, SEML e MTMVN, utilizando os parâmetros de desempenho - precisão, recordação, pontuação F1 e área sob a curva (AUC). A comparação do modelo SIR proposto, que emprega a estratégia de sumarização extractiva, com os três métodos de sumarização de resenhas recentemente propostos, utilizando os parâmetros ROUGE-1, ROUGE-2 e ROUGE-L, é apresentada na secção 5.4.

5.2 Investigações de última geração

Para analisar a representação quantitativa do modelo RASADL proposto, este foi examinado em comparação com alguns dos métodos recentes mais avançados, utilizando os conjuntos de dados SemEval-2014, Sentiment140 e análises de produtos da Amazon. O modelo SIR proposto foi comparado com três técnicas de sumarização recentes: Liu [97], Marzijarani [98], e Sheela et.al [99]. As razões para selecionar estes métodos são as seguintes:

ABSA supervisionado (SABSA) [56]: Este método utiliza o conjunto de dados SemEval-2014 para a avaliação da sua proposta de previsão de categorias de aspectos baseada na aprendizagem automática supervisionada utilizando a técnica de coocorrência para SA. A técnica SABSA está estreitamente relacionada com a abordagem proposta pelo ARF, pelo que foi selecionada para um estudo comparativo com o modelo proposto.

SentiVec [43]: Esta técnica recentemente proposta está a utilizar a abordagem híbrida da técnica de aprendizagem automática supervisionada e não supervisionada para efetuar a incorporação de palavras para SA.

TF-IDF+N-grama+SVM [8]: É também outra abordagem recente que foi selecionada para a análise de desempenho. A formação de caraterísticas híbridas proposta neste documento está intimamente relacionada com a abordagem de extração RRF proposta, exceto no que diz respeito à inclusão de caraterísticas específicas dos emoticons na RRF.

SEML [72]: É uma técnica ABSA que realiza mineração de aspeto e classificação de sentimento de aspeto usando um classificador semi-supervisionado. Também utilizaram o conjunto de dados de críticas de restaurantes SemEval-2014 para análise de desempenho.

MTMVN [62]: É o mecanismo mais recentemente proposto para ABSA, pelo que é selecionado para análise comparativa com a abordagem proposta. Os autores utilizaram o classificador de aprendizagem profunda depois de extraírem as caraterísticas específicas dos aspectos.

Liu [97], Marzijarani [98], e Sheela et.al [99]: Estes são três métodos recentemente propostos para sumarização de revisões, pelo que foram selecionados para análise comparativa com a abordagem SIR proposta. Estes três métodos também estão a utilizar ROUGE-N e ROUGE-L como parâmetros de avaliação.

5.3 Análise comparativa do modelo RASADL proposto utilizando diferentes conjuntos de dados com os métodos mais avançados

A eficiência dos métodos propostos e do estado da arte é avaliada utilizando os conjuntos de dados SemEval- 2014, Sentiment140 e análises de produtos da Amazon. Para investigar o método proposto com os métodos do estado da arte: SABSA, SentiVec, TF-IDF+N- gram+SVM, SEML, e MTMVN, os parâmetros de desempenho utilizados são: precisão, recordação, F1-score e AUC. Todos os parâmetros de desempenho são calculados utilizando as equações apresentadas no capítulo 3.

5.3.1 Análise comparativa do modelo RASADL utilizando o conjunto de dados de críticas de restaurantes SemEval-2014 com as técnicas mais avançadas

Esta secção apresenta a análise comparativa das várias técnicas SA/ABSA de ponta utilizando o conjunto de dados de críticas de restaurantes SemEval-2014 com o modelo RASADL proposto. Verifica-se que o desempenho dos métodos que utilizam o conjunto de dados SemEval-2014 é inferior ao do conjunto de dados de avaliações de produtos da Amazon e ao do conjunto de dados Sentiment140. Este facto deve-se ao menor número de avaliações no conjunto de dados de avaliações de restaurantes SemEval-2014 em comparação com os outros dois conjuntos de dados. O maior número de avaliações de treino resulta numa análise de sentimentos mais eficiente. Entre os desempenhos dos cinco métodos recentes do estado da arte, verifica-se que o método proposto supera todos os métodos: SABSA, SentiVec, TF-IDF+N-gram+SVM, SEML e MTMVN de forma significativa.

A tabela 5.1 e a figura 5.1 demonstram a análise comparativa de todos os métodos acima referidos em termos dos parâmetros F1-score, precisão, recuperação e AUC utilizando o conjunto de dados SemEval- 2014.

Tabela 5.1 Análise comparativa do modelo RASADL utilizando o conjunto de dados SemEval-2014 com as técnicas mais avançadas

Abordagem SA/ABSA	**Precisão**	**Recall**	**Pontuação Fl**	**AUC**
SABSA	0.791	0.784	0.7875	0.763
SentiVec	0.845	0.837	0.841	0.817
TF-IDF+N-grama+SVM	0.831	0.817	0.824	0.803
SEML	0.826	0.809	0.8175	0.798
MTMVN	0.776	0.758	0.767	0.748
RASADL	0.954	0.947	0.951	0.899

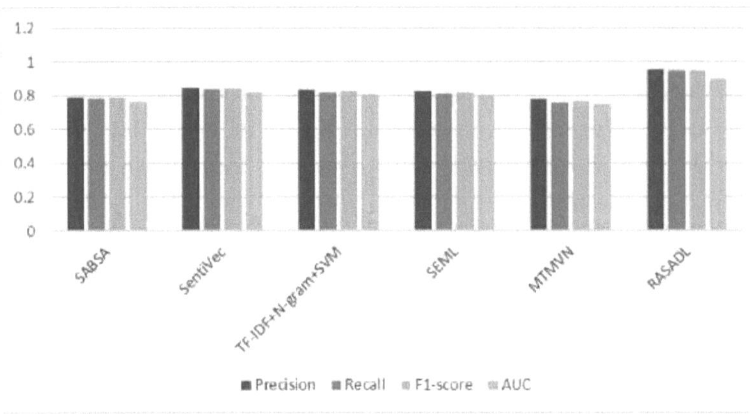

Figura 5.1. Comparação do modelo RASADL utilizando o conjunto de dados SemEval-2014 com as técnicas mais avançadas

Pode observar-se que o modelo RASADL proposto apresenta melhores desempenhos para os parâmetros: F1-score, precisão, AUC, e recall. A razão subjacente à melhoria do desempenho é a sua capacidade de construir o vetor de caraterísticas híbridas utilizando diferentes técnicas de forma robusta e eficiente.

5.3.2 Análise comparativa do modelo RASADL utilizando o conjunto de dados Sentiment140 com as técnicas mais avançadas

Esta secção apresenta a análise comparativa das várias técnicas SA/ABSA de ponta utilizando o conjunto de dados Sentiment140 com o modelo RASADL proposto. Verifica-se que o desempenho dos métodos que utilizam o conjunto de dados Sentiment140 é superior ao dos outros conjuntos de dados. Isto deve-se ao facto de o maior número de avaliações de treino proporcionar uma análise de sentimentos eficiente. Entre os desempenhos dos cinco métodos mais avançados, verifica-se que o método proposto tem um desempenho superior a todos os métodos: SABSA, SentiVec, TF- IDF+N-gram+SVM, SEML e MTMVN de forma significativa.

A tabela 5.2 e a figura 5.2 demonstram a análise comparativa de todos os métodos acima referidos em termos dos parâmetros F1-score, precisão, recuperação e AUC utilizando o conjunto de dados Sentiment140.

Tabela 5.2 Análise comparativa do modelo RASADL utilizando o conjunto de dados Sentiment140 com as técnicas mais avançadas

SA/ABSA Técnica	Precisão	Recall	Pontuação Fl	AUC
SABSA	0.858	0.839	0.8485	0.830
SentiVec	0.877	0.858	0.8675	0.849
TF-IDF+N-gram+SVM	0.866	0.846	0.856	0.838

SEML	0.854	0.837	0.8455	0.826
MTMVN	0.817	0.789	0.803	0.789
RASADL	0.963	0.965	0.956	0.933

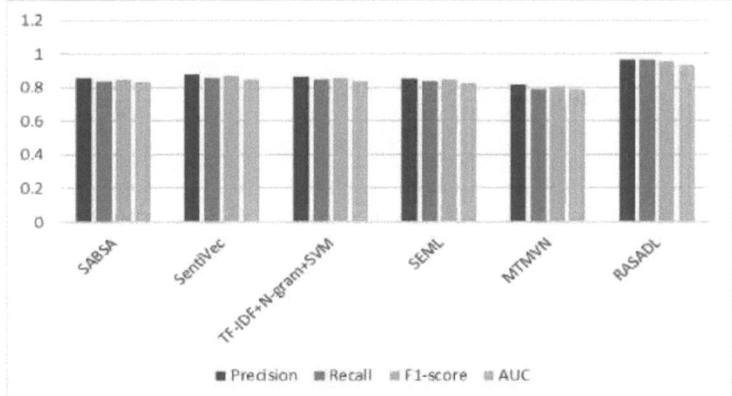

Figura 5.2. Comparação do modelo RASADL utilizando o conjunto de dados Sentiment140 com as técnicas mais avançadas

Pode observar-se que o modelo RASADL proposto apresenta melhores desempenhos para os parâmetros: F1-score, precisão, recall e AUC. A razão subjacente à melhoria do desempenho é a sua capacidade de construir o vetor de caraterísticas híbridas utilizando diferentes técnicas de forma robusta e eficiente.

5.3.3 Análise comparativa do modelo RASADL utilizando conjuntos de dados de avaliações de produtos da Amazon com as técnicas mais avançadas

Esta secção apresenta a análise comparativa das várias técnicas SA/ABSA de ponta utilizando o conjunto de dados de avaliações de produtos da Amazon com o modelo RASADL proposto. Verifica-se que o desempenho dos métodos que utilizam o conjunto de dados de avaliações de produtos da Amazon é superior ao do conjunto de dados de avaliações de restaurantes SemEval 2014 e inferior ao do conjunto de dados Sentiment140. Isto deve-se ao facto de o conjunto de dados de avaliações de produtos da Amazon ter mais avaliações do que o conjunto de dados de avaliações de restaurantes SemEval 2014 e menos avaliações do que o conjunto de dados Sentiment140. Entre os desempenhos dos cinco métodos mais avançados, verifica-se que o método proposto tem um desempenho superior ao de todos os métodos: SABSA, SentiVec, TF-IDF+N-gram+SVM, SEML e MTMVN de forma significativa.

A tabela 5.3 e a figura 5.3 demonstram a análise comparativa de todos os métodos acima referidos em termos dos parâmetros F1-score, precisão, recuperação e AUC utilizando o conjunto de dados de avaliações de produtos da Amazon.

Tabela 5.3 Análise comparativa do modelo RASADL utilizando o conjunto de dados de avaliações de produtos da Amazon com as técnicas mais avançadas

SA/ABSA	**Precisão**	**Recall**	**Pontuação Fl**	**AUC**

Técnica				
SABSA	0.844	0.831	0.838	0.816
SentiVec	0.862	0.842	0.854	0.834
TF-IDF+N-gram+SVM	0.851	0.838	0.845	0.823
SEML	0.841	0.824	0.833	0.813
MTMVN	0.793	0.773	0.785	0.765
RASADL	0.956	0.954	0.945	0.918

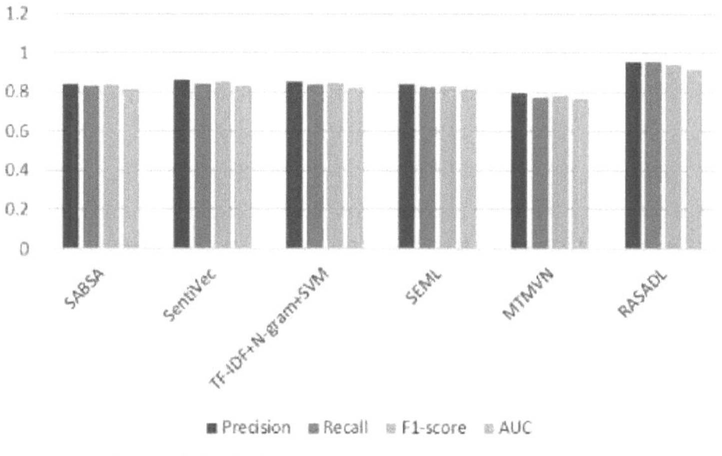

Figura 5.3. Comparação do modelo RASADL utilizando o conjunto de dados de avaliações de produtos da Amazon com as técnicas mais avançadas

5.4 Análise comparativa do modelo SIR proposto com os métodos mais avançados

O modelo proposto RASADL-CRS é composto pelas fases RASADL e CRS. A investigação do modelo RASADL já foi feita na secção anterior. A Tabela 5.4 mostra a análise comparativa da fase SIR utilizando três métricas de desempenho: ROUGE-1, ROUGE-2 e ROUGE-L com os modelos SIR recentemente propostos. É calculada a média dos resultados da SIR, recolhendo 10 amostras de cada conjunto de dados. Em seguida, é feita a análise de 30 avaliações para a RS e os parâmetros ROUGE-1, ROUGE-2 e ROUGE-L são medidos para o modelo SIR proposto e três modelos propostos recentemente por Liu [97], Marzijarani [98] e Sheela et.al [99]. Como se mostra na tabela 5.4 e na figura 5.4, o modelo SIR proposto alcançou um desempenho de RS superior ao dos três métodos existentes. Esta melhoria deve-se principalmente à inclusão dos resultados RASADL e ARF, bem como à função de resumo abstrato. De acordo com o resultado RASADL, a abordagem de RS proposta produziu um resumo da revisão e classificou-a em classes positivas, negativas ou neutras.

Tabela 5.4 Análise de desempenho do parâmetro de resumo de revisão ROUGE

Método	Rouge-1	Rouge-2	Rouge-L
Liu [97]	18.05	6.88	17.84
Marzijarani [98]	17.51	5.73	16.53
Sheela et.al [99]	18.56	7.01	17.95
SIR	19.31	7.67	18.71

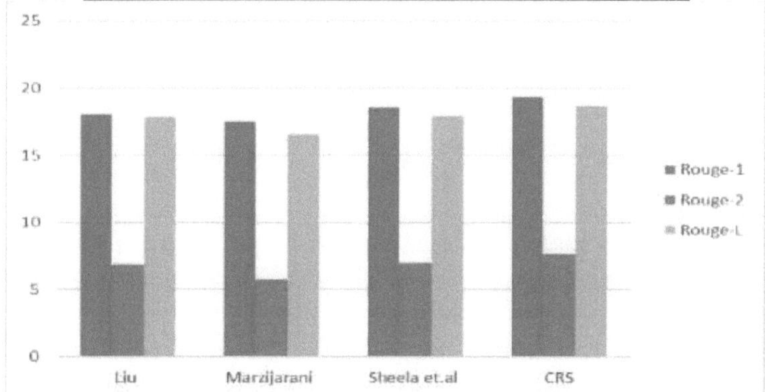

Figura 5.4 Comparação do modelo SIR proposto com os métodos mais recentes, utilizando o parâmetro de resumo de resenhas ROUGE

5.5 Resumo

A análise comparativa dos métodos mais avançados: SABSA, SentiVec, TF- IDF+N-gram+SVM, SEML e MTMVN em termos dos parâmetros F1-score, precisão, recuperação e AUC utilizando os conjuntos de dados SemEval-2014, Sentiment140 e Amazon product é demonstrada nas Tabelas 5.1, 5.2 e 5.3, respetivamente. A partir de todos estes resultados utilizando diferentes conjuntos de dados, pode observar-se que o modelo RASADL proposto apresenta melhores desempenhos para os parâmetros: F1-score, precisão, recall e AUC. A razão subjacente à melhoria do desempenho é a sua capacidade de construir o vetor de caraterísticas híbridas utilizando diferentes técnicas de forma robusta e eficiente. Os métodos ABSA: SABSA, SEML e MTMVN apresentam desempenhos fracos em comparação com os métodos SentiVec e TF-IDF+N-gram+SVM, devido à falta de tratamento da negação e de extração de caraterísticas específicas das resenhas. A precisão da análise de sentimentos utilizando o conjunto de dados de críticas de restaurantes SemEval 2014 é menor e o conjunto de dados Sentiment140 é mais elevado do que os outros conjuntos de dados. Isto deve-se ao facto de o maior número de críticas de treino proporcionar uma análise de sentimentos eficiente. O modelo RASADL centrou-se na apresentação de uma solução integrada que permite tirar partido das vantagens das caraterísticas específicas das críticas e dos aspectos específicos para melhorar o desempenho.

Além disso, o modelo RASADL-CRS tem uma fase CRS que recebe três entradas:

revisões pré-processadas, resultados RASADL e resultados ARF, e produz um resumo mais eficaz para cada revisão de entrada. Os resultados experimentais comprovam a eficiência do modelo CRS proposto em comparação com os métodos existentes.
Juntamente com os parâmetros de desempenho baseados em estatísticas acima referidos, os parâmetros não estatísticos, como o tempo de formação, o tempo de teste e o tempo de inferência, podem ser utilizados para avaliar o desempenho do trabalho proposto em relação aos métodos existentes mais avançados. O objetivo da aprendizagem automática/aprendizagem profunda é criar um modelo que possa prever dados com base nos dados de teste. Os dados de treino são utilizados para ajustar o modelo e os dados de teste são utilizados para o testar. Utilizando os modelos criados, os resultados desconhecidos são previstos, o que é designado por conjunto de teste. Cabe inteiramente aos investigadores, ao conjunto de dados que está a ser utilizado e à dificuldade da tarefa determinar a proporção do conjunto de dados a dividir entre treino e teste. Um conjunto de dados grande é melhor para treinar modelos de aprendizagem automática/aprendizagem profunda porque os torna mais precisos. O tempo de inferência é o tempo que um modelo de aprendizagem automática demora a calcular uma pontuação numérica única com base nos pontos de dados que lhe são fornecidos.

Capítulo 6

Conclusão e trabalho futuro

6.1 Conclusão

Nas últimas décadas, os modelos de resumo de críticas de clientes (CRS) que utilizam técnicas de análise de sentimentos têm atraído muita atenção tanto da indústria como do meio académico. Há muitas indústrias que levaram o trabalho de investigação para o nível seguinte. Para citar alguns desses sectores, podemos citar a Intel, o Twitter, a IBM, a Amazon, etc. Do mesmo modo, nos últimos anos, os investigadores têm estudado extensivamente as técnicas de resumo de críticas de clientes e de análise de sentimentos que podem ser aplicadas em muitas áreas. O aparecimento de várias tecnologias baseadas na aprendizagem automática e na aprendizagem profunda abriu caminho a um quadro de IA emergente para melhorar o funcionamento dos sistemas de resumo das críticas dos clientes.

O Customer Review Summarization (CRS) inclui a análise de um grande número de comentários na Internet publicados por clientes para obter informações sobre as suas necessidades e satisfação. Ao seguir estas críticas analiticamente para os seus produtos ou serviços, os proprietários de empresas em sectores como o comércio eletrónico, teatros e restaurantes podem aumentar a sua eficiência comercial. Além disso, as avaliações podem ser utilizadas para uma investigação exaustiva dos concorrentes. No entanto, é difícil efetuar uma extração e uma sumarização precisas das críticas devido à variedade, volume, velocidade, presença de caraterísticas pouco fiáveis, dados ruidosos, emoticons, ambiguidade e sarcasmo.

A realização de SIR utilizando técnicas de análise de sentimentos pode ser realizada de diferentes formas: frase, documento e nível de palavra/aspeto. O trabalho proposto centra-se na realização da análise de sentimentos baseada em aspectos (ABSA), que se refere à determinação do que um indivíduo pensa de produtos, serviços ou dos seus aspectos. A afirmação "Estou totalmente satisfeito com a qualidade da imagem do Samsung M32" denota uma opinião favorável sobre o aspeto da câmara de um dos modelos da Samsung.

Nesta tese, é apresentada uma nova estrutura de SIR, dividida em duas fases: Extração de resenhas (RM) e Sumarização de resenhas (RS). A fase RM categoriza as críticas de cada utilizador como negativas, positivas ou neutras. Um resumo das revisões apropriadas é automaticamente preparado no RS com base no resultado da fase RM. O RM é o componente mais vital do SIR, porque o resultado da fase RS é largamente determinado pela eficácia da fase RM. A funcionalidade da fase de RM é também conhecida como análise de sentimentos. O quadro proposto, denominado RASA utilizando a aprendizagem profunda para SIR (RASADL-CRS), centra-se na superação dos desafios das técnicas de AS subjacentes e alcança resultados fiáveis e eficientes de AS e RS. Este algoritmo é aplicado a diferentes conjuntos de dados, como o conjunto de dados de avaliações de restaurantes SemEval 2014, o conjunto de dados Sentiment 140 e o conjunto de dados de avaliações de produtos da Amazon. O sistema proposto prova o funcionamento eficaz do algoritmo nos três conjuntos de dados mencionados. A análise quantitativa do modelo proposto foi efectuada e o desempenho foi comparado com alguns dos métodos SA/ABSA e CRS mais recentes mencionados na literatura, nomeadamente, Supervised ABSA (SABSA) [56], SentiVec [43], TF-IDF+N-gram+SVM [8], SEML [72], MTMVN [62], Liu [97], Marzijarani [98] e Sheela et.al [99].

O Capítulo 1 apresenta os antecedentes das técnicas de sumarização de críticas de clientes e de análise de sentimentos. Inclui a introdução do processo de análise de sentimentos (SA) e de análise de sentimentos baseada em aspectos (ABSA). As várias abordagens baseadas na aprendizagem automática e na aprendizagem profunda também são discutidas para descrever a obtenção dos sistemas ABSA e CRS. As aplicações da SA, a motivação do trabalho de investigação, a definição do problema e os contributos para a investigação também são apresentados neste capítulo.

O Capítulo 2 aborda em pormenor o estudo de vários métodos de extração de texto eletrónico e de sumarização de críticas. A pesquisa bibliográfica baseia-se em muitos trabalhos de investigação que incluem técnicas de análise de sentimentos (SA), métodos de análise de sentimentos baseados em aspectos (ABSA), técnicas emergentes de SA/ABSA baseadas em aprendizagem profunda e métodos de sumarização, juntamente com a discussão dos seus desafios. A extração e sumarização de críticas é uma tarefa difícil devido à variedade, volume, velocidade e veracidade das críticas.

O capítulo 3 apresenta a compreensão detalhada do novo algoritmo-RASADL proposto para realizar a extração de caraterísticas híbridas para a análise do sentimento do cliente. Para extrair as caraterísticas de forma eficaz, é apresentada uma técnica híbrida que inclui caraterísticas relacionadas com as avaliações e caraterísticas relacionadas com os aspectos para construir um vetor de caraterísticas híbrido distinto para todas as avaliações. O vetor de caraterísticas híbrido é então dado como entrada para os diferentes classificadores ML e DL. Verifica-se que o classificador DL (Long Short-Term Memory (LSTM)) dá melhores resultados, pelo que é utilizado para classificar os sentimentos como positivos, negativos ou neutros. O algoritmo proposto é aplicado e testado em vários casos para mostrar a compreensão clara do problema.

A conceção do modelo SIR para apresentar dados resumidos e ajudar as empresas a obter informações substanciais sobre o comportamento e as escolhas dos seus consumidores é discutida no Capítulo 4. A fase SIR efectua a sumarização automática utilizando o resultado da fase RASADL. O modelo proposto foi testado utilizando diferentes conjuntos de dados de investigação, como o conjunto de dados de avaliações de restaurantes SemEval-2014, o conjunto de dados Sentiment 140 e o conjunto de dados de avaliações de produtos da Amazon. Os resultados mostram que o modelo proposto é mais eficiente do que as técnicas subjacentes.

O modelo proposto é composto por duas fases: RASADL e CRS. O capítulo 5 apresenta a comparação do modelo RASADL proposto com alguns dos métodos SA/ABSA recentes: SABSA, SentiVec, TF-IDF+N-gram+SVM, SEML e MTMVN, utilizando os parâmetros de desempenho - precisão, recordação, AUC e pontuação F1. Inclui também a comparação do modelo SIR proposto com os três métodos de resumo de resenhas recentemente propostos, utilizando os parâmetros ROUGE-1, ROUGE-2 e ROUGE-L. Os resultados concluem que o algoritmo proposto tem um desempenho superior ao dos métodos SA/ABSA e CRS mais recentes.

O sistema de resumo das opiniões dos clientes é um sistema de assistência aos proprietários de empresas para obter informações sobre as necessidades e a satisfação dos seus clientes. Nas indústrias, a dependência do trabalho manual está a mudar para o sistema de automatização devido a muitos factores. O nosso trabalho de investigação está a contribuir para o mesmo aspeto. Especialmente nos casos em que a análise e o resumo manuais são quase impossíveis devido ao aumento exponencial das avaliações em linha devido ao advento das normas IoT e Web 2.0, é preferível utilizar estes sistemas fiáveis.

6.2 Direcções futuras para o trabalho de investigação

Devido ao volume, variedade, velocidade, presença de caraterísticas pouco fiáveis, dados ruidosos, emoticons, ambiguidade e sarcasmo, a extração e sumarização de resenhas é um problema de investigação difícil, que continua a atrair muitas das fronteiras da investigação no domínio do processamento de linguagem natural com recurso à aprendizagem profunda. O nosso problema de investigação encorajaria sempre outros investigadores a resolvê-lo de forma diferente. O trabalho de investigação proposto pode ser alargado nas seguintes direcções.

a. Robustez dos algoritmos - Um modelo de sistema semelhante pode ser aplicado a diferentes aplicações em que os sentimentos humanos têm de ser reconhecidos e assistidos para aplicações como chatbots, monitorização de marcas e gestão da reputação, pesquisa de mercado e de concorrentes, etc. Implementámos o modelo de sistema em Matlab, pelo que a utilização de GPUs apresentaria alguns resultados notáveis em termos de desempenho do sistema.

b. Técnicas de extração de caraterísticas - As técnicas avançadas de extração de caraterísticas no processamento da linguagem natural podem acelerar o desempenho do sistema através da extração de caraterísticas mais úteis que podem conduzir a uma melhor classificação. As técnicas de engenharia de caraterísticas que consideram os erros ortográficos, a má gramática, a deteção de uma emoção mais profunda - como o ódio, a tristeza e a felicidade presentes no comentário - seriam algumas das direcções de investigação.

c. Aprendizagem por reforço - Aqui o conceito de agentes autónomos desempenha um papel muito importante. Os agentes autónomos aprendem o comportamento do modelo através de tentativa e erro, que é derivado da resposta de informações relacionadas com o contexto, e podem, portanto, ser utilizados em sistemas como jogos baseados em texto, geração de diálogos, etc.

d. Análise de sentimentos independente da língua - O trabalho proposto é direcionado apenas para dados em língua inglesa, mas outras línguas também têm muita informação. Consequentemente, o método só é aplicável em determinadas demografias e áreas geográficas. Por isso, a proposta de um algoritmo geral para a análise de sentimentos e a sumarização de dados multilingues pode ser uma direção futura interessante para este trabalho. Desta forma, os resultados da análise de sentimentos e da sumarização podem ser utilizados em todas as aplicações, independentemente da língua.

e. Comparação com base em parâmetros não estatísticos: No futuro, a comparação do trabalho proposto com as técnicas existentes mais avançadas pode ser efectuada utilizando parâmetros não baseados em estatísticas, como o tempo de formação, o tempo de teste e o tempo de inferência.

f. É possível melhorar ainda mais o desempenho acrescentando mais caraterísticas semânticas e utilizando a combinação de métodos supervisionados e não supervisionados. A análise semântica é o ato de compreender a linguagem natural - a forma como os seres humanos compreendem com base no significado e no contexto. A semântica tem o potencial de melhorar ainda mais o desempenho da AS. As caraterísticas semânticas mais exactas de uma palavra podem ser obtidas utilizando a técnica de desambiguação do sentido da palavra e os algoritmos de semelhança da WordNet.

Bibliografia

[1] J. Vila e D. Ribeiro-Soriano, "An overview of Web 2.0 social capital: a cross-cultural approach," Service Business, vol. 8, no. 3, pp. 399-404, 2014.

[2] H. B. Mahajan, A. Badarla e A. A. Junnarkar, "CL-IoT: protocolo de Internet das Coisas de camada cruzada para fabrico inteligente de agricultura inteligente", Journal of Ambient Intelligence and Humanized Computing, vol. 12, n.º 7, pp. 77777791, 2021.

[3] A. Valdivia, E. Hrabova, I. Chaturvedi, M. V. Luzon, L. Troiano, E. Cambria, F. Herrera, "Inconsistências nas avaliações do TripAdvisor: Um índice unificado entre usuários e métodos de análise de sentimento", Neurocomputing, vol. 353, pp.3-16, agosto de 2019.

[4] F.A. Pozzi, E. Fersini, E. Messina, e B.Liu, "Challenges of sentiment analysis in social networks: an overview", *Análise de sentimentos em redes sociais*, pp. 111, 2017.

[5] J. Singh, G. Singh e R. Singh, "A review of sentiment analysis techniques for opinionated web text," *CSIT*, vol. 4, pp. 241-247, Dec. 2016.

[6] M. Dragoni e G. Petrucci, "A fuzzy-based strategy for multi-domain sentiment analysis", International Journal of Approximate Reasoning, vol. 93, pp. 59-73, 2018.

[7] D. Sharma, M. Sabharwal, V. Goyal e M. Vij, "Sentiment Analysis Techniques for Social Media Data: A Review," in Proc. of First International Conference on Sustainable Technologies for Computational Intelligence. Advances in Intelligent Systems and Computing (Avanços em sistemas inteligentes e computação), vol. 1045. Springer, Singapura, pp. 75-90, novembro de 2019.

[8] S.R. Ahmad, A.A. Bakar, M.R. Yaakub, "Uma revisão das técnicas de seleção de caraterísticas na análise de sentimentos", *Intell Data Anal*, vol. 23, pp. 159-189, 2019.

[9] K. Lata, P. Singh, K. Dutta, "A comprehensive review on feature set used for anaphora resolution," *Artif Intell Rev*, vol. 54, pp. 2917-3006, 2020.

[10] D.M. El-Din Mohamed Hussein, "A survey on sentiment analysis challenges," *Journal of King Saud University - Engineering Sciences*, vol. 30, no. 4, pp. 330338, Oct. 2018.

[11] K. Schouten e F. Frasincar, "Survey on Aspect-Level Sentiment Analysis", em *IEEE Transactions on Knowledge and Data Engineering,* vol. 28, no. 3, pp. 813-830, março de 2016.

[12] D. Saunders, "Domain adaptation for neural machine translation", tese de doutoramento, Universidade de Cambridge, 2021.

[13] A. Ferrari, A. Esuli, "Uma abordagem de PNL para a deteção de ambiguidade entre domínios na engenharia de requisitos", *Autom Softw Eng,* vol. 26, pp. 559-598, 2019.

[14] L. Flek, "Returning the N to NLP: towards contextually personalized classifcation models", *In: Actas da 58.ª reunião anual da associação para a linguística computacional*, pp. 7828-7838, 2020.

[15] Hai Ha Do, PWC Prasad, Angelika Maag, Abeer Alsadoon, "Aprendizagem

profunda para análise de sentimentos baseada em aspectos: Uma revisão comparativa", *Sistemas Peritos com Aplicações*, vol. 118, pp. 272-299, 2019.
[16] Ayyub K., Iqbal S., Munir E. U., Nisar M. W., Abbasi M., "Exploring Diverse Features for Sentiment Quantification Using Machine Learning Algorithms", IEEE Access, vol. 8, pp.142819-142831, julho de 2020.
[17] Ravinder Ahuja, Aakarsha Chug, Shruti Kohli, Shaurya Gupta, Pratyush Ahuja, "O impacto da extração de caraterísticas na análise de sentimentos", *Procedia Computer Science*, vol. 152, pp. 341-348, 2019.
[18] A. Sharma, J. Lyons, A. Dehzangi, K.K. Paliwal, "A feature extraction technique using bi-gram probabilities of position specific scoring matrix for protein fold recognition," *J Theor Biol*, vol. 320, pp. 41-46, 2013.
[19] M. Avinash, M e E. Sivasankar, "A Study of Feature Extraction Techniques for Sentiment Analysis," In: Abraham, A., Dutta, P., Mandal, J., Bhattacharya, A., Dutta, S. (eds) Tecnologias emergentes em mineração de dados e segurança da informação, Avanços em sistemas inteligentes e computação, vol 814, pp. 475486, Springer, 2019.
[20] M. Straka, J. Hajic, J. Strakova, "UDPipe: pipeline treinável para o processamento de ficheiros CoNLL-U que realizam tokenização, análise morfológica, pos tagging e parsing", *In: Actas da décima conferência internacional sobre recursos linguísticos e avaliação (LREC'16)*, pp. 4290-4297, 2016.
[21] T. Weerasooriya, N. Perera, S. Liyanage, "A method to extract essential keywords from a tweet using NLP tools," *In: 2016 sixteenth international conference on advances in ICT for emerging regions (ICTer) IEEE,* pp. 29-34, 2016.
[22] T. Mikolov, K. Chen, G. Corrado, J. Dean, "Efficient estimation of word representations in vetor space", *Actas do Workshop no ICLR*, 2013.
[23] Putra Fissabil Muhammad, Retno Kusumaningrum, Adi Wibowo, "Análise de sentimentos utilizando Word2vec e Memória de Curto Prazo Longo (LSTM) para comentários de hotéis indonésios", *Procedia Computer Science*, vol. 179, pp. 728-735, 2021.
[24] Aditya Vijayvergia, Krishan Kumar, "Selective shallow models strength integration for emotion detection using GloVe and LSTM," *Multimedia Tools and Applications,* vol. 80, pp. 28349-28363, junho de 2021.
[25] Trang Uyen, Ha Thi-Thanh Hoang, Hiep Xuan Huynh, "Memória Bidirecional Independente de Curto Prazo e Modelo Integrado de Campo Aleatório Condicional para Extração de Aspectos na Análise de Sentimentos,". Em: Satapathy, S., Bhateja, V., Nguyen, B., Nguyen, N., Le, DN. (eds) Frontiers in Intelligent Computing: Theory and Applications. Avanços em Sistemas Inteligentes e Computação, vol 1014, pp. 131-140, Springer, 2019.
[26] Qianjun Shuai, Yamei Huang, Libiao Jin e Long Pang, "Análise de sentimentos em comentários de hotéis chineses com Doc2Vec e classificadores", 2018 IEEE 3rd Advanced Information Technology, Electronic and Automation Control Conference (IAEAC), pp. 1171-1174, 2018.
[27] Y. Al Amrani, M. Lazaar, K.E.El Kadiri, "Floresta aleatória e abordagem

híbrida baseada em máquina de vetor de suporte para análise de sentimentos", *Procedia Computer Science*, vol. 127, pp. 511-520, 2018.
[28] Nurulhuda Zainuddin, Ali Selamat, Roliana Ibrahim, "Classificação híbrida de sentimentos na análise de sentimentos baseada em aspectos do Twitter", *Applied Intelligence*, vol. 48, pp. 1218-1232, 2018.
[29] Mrityunjay Singh, Amit Kumar Jakhar, Shivam Pandey, "Sentiment analysis on the impact of coronavirus in social life using the BERT model", *Social Network Analysis and Mining*, vol. 33, pp. 1-11, 2021.
[30] Lina Maria Rojas-Barahona, "Aprendizagem profunda para análise de sentimentos. Language and Linguistics Compass", *Language and Linguistics Compass*, vol. 10, n.º 12, pp. 701-719, dezembro de 2019.
[31] Tao Chen, Ruifeng Xu, Yulan He, Xuan Wang, "Improving sentiment analysis via sentence type classification using BiLSTM-CRF and CNN," *Expert Systems with Applications*, vol. 72, pp. 221-230, abril de 2017.
[32] A. Mahajani, V. Pandya, I. Maria, D. Sharma, "A Comprehensive Survey on Extractive and Abstractive Techniques for Text Summarization," *Advances in Intelligent Systems and Computing*, vol 904. Springer, Singapura, 2019, https://doi.org/10.1007/978-981-13-5934-7 31.
[33] L. Abualigah, M.Q. Bashabsheh, H. Alabool, M. Shehab, "Text Summarization: Uma breve revisão", *In: Abd Elaziz, M., Al-qaness, M., Ewees, A., Dahou, A. (eds) Recent Advances in NLP: The Case of Arabic Language. Studies in ComputationalIntelligence*, vol 874, Springer, Cham, 2020, https://doi.org/10.1007/978-3-030-34614-0 1.
[34] M. Wankhade, A.C.S. Rao, C. Kulkarni, "A survey on sentiment analysis methods, applications, and challenges," *Artif Intell Rev*, 2022, https://doi.org/10.1007/s10462-022-10144-1
[35] T. Han, C. Liu, W. Yang, D. Jiang, "Uma nova estrutura de aprendizagem adversária em rede neural convolucional profunda para diagnóstico inteligente de falhas mecânicas", *Knowl-Based Syst*, vol. 165, pp. 474-487, 2019.
[36] T.K. Mackey, A. Miner, R.E. Cuomo, "Exploring the e-cigarette e-commerce marketplace: identifying internet e-cigarette marketing characteristics and regulatory gaps," *Drug Alcohol Depend*, vol. 156, pp. 97-103, 2015.
[37] E.M. Clark, T.A. James, C.A. Jones, A. Alapati, P. Ukandu, C.M. Danforth, P.S. Dodds, "A Sentiment Analysis of Breast Cancer Treatment Experiences and Healthcare Perceptions Across Twitter," *ArXiv, abs/1805.09959*, 2018.
[38] F.Z. Xing, E. Cambria, R.E. Welsch, "Previsão financeira baseada em linguagem natural: um inquérito", *Artif Intell Rev,* vol. 50, pp. 49-73, 2018.
[39] M.L. Rethlefsen, S. Kirtley, S. Waffenschmidt, A.P. Ayala, D. Moher, M.J. Page, e J.B. Koffel, "PRISMA-S: an extension to the PRISMA statement for reporting literature searches in systematic reviews," *Systematic reviews*, vol. 10, pp. 1-19, 2021.
[40] M. Tubishata, N. Idrisa, M. A.M. Abushariah, "Extração de aspectos implícitos na análise de sentimentos: Revisão, taxonomia, oportunidades e desafios em aberto",

Information Processing and Management, Elsevier, vol. 54, pp. 545-563, 2018.
[41] L. Wang, J. Niu, e S. Yu, "SentiDiff: Combining Textual Information and Sentiment Diffusion Patterns for Twitter Sentiment Analysis", *IEEE Transactions on Knowledge and Data Engineering*, vol. 32, n.º 10, pp. 20262039, 2020.
[42] Y. Hao, T. Mu, R. Hong, M. Wang, X. Liu e J. Y. Goulermas, "CrossDomain Sentiment Encoding through Stochastic Word Embedding", *IEEE Transactions on Knowledge and Data Engineering*, vol. 32, n.º 10, pp. 19091922, 2020.
[43] L. Zhu, W. Li, Y. Shi e K. Guo, "SentiVec: Aprendendo o vetor de contexto de sentimento por meio da função de otimização de kernel para análise de sentimento", *IEEE Transactions on Neural Networks and Learning Systems*, vol. 32, no. 6, pp. 2561-2572, 2021.
[44] A. Naresh e P. V. Krishna, "An efficient approach for sentiment analysis using machine learning algorithm," *Evolutionary Intelligence*, vol. 14, no. 2, pp. 725-731, 2021.
[45] M. Singh, A. K. Jakhar, e S. Pandey, "Sentiment analysis on the impact of coronavirus in social life using the BERT model," *Social Network Analysis and Mining*, vol. 11, n.º 1, pp. 11-33, 2021
[46] Munuswamy et al., "Sentiment Analysis Techniques for Social Media-Based Recommendation Systems", *National Academy Science Letters*, vol. 44, no. 3, pp. 281-287, 2021.
[47] O. Oyebode, F. Alqahtani e R. Orji, "Utilizar métodos de aprendizagem automática e de análise temática para avaliar aplicações de saúde mental com base em comentários de utilizadores", *IEEE Access*, vol. 8, pp. 111141-111158, 2020.
[48] F. Iqbal et al., "Uma estrutura híbrida para análise de sentimentos usando redução de recursos baseada em algoritmo genético", *IEEE Access*, vol. 7, pp. 14637-14652, 2019.
[49] A. Khan at al., "Movie Review Summarization Using Supervised Learning and Graph-Based Ranking Algorithm", *Computational Intelligence and Neuroscience,* vol. 2020, pp. 1-14, 2020.
[50] L. Yang, Y. Li, J. Wang e R. S. Sherratt, "Análise de sentimentos para avaliações de produtos de comércio eletrónico em chinês com base no léxico de sentimentos e na aprendizagem profunda", *em IEEE Access*, vol. 8, pp. 23522-23530, 2020, doi: 10.1109/ACCESS.2020.2969854.
[51] Y. Wang, "Fine-Grained Opinion Mining on Chinese Car Reviews with Conditional Random Field," *J. Shanghai Jiaotong Univ. (Sci.)*, vol. 25, pp. 325332, 2020, https://doi.org/10.1007/s12204-020-2184-1
[52] W. Zhao et al., "Weakly-Supervised Deep Embedding for Product Review Sentiment Analysis", *IEEE Transactions on Knowledge and Data Engineering*, vol. 30, n.º 1, pp. 185-197, 2018, doi: 10.1109/TKDE.2017.2756658.
[53] H. Xu, B. Liu, L. Shu, e P. Yu, "Open-world Learning and Application to Product Classification," *In The World Wide Web Conference (WWW 19) Association for Computing Machinery*, New York, USA, pp. 3413-3419, 2019,

https://doi.org/10.1145/3308558.3313644
[54] P. Porntrakoon e C. Moemeng, "Análise de sentimento tailandês para a revisão do consumidor em várias dimensões usando a técnica de compensação de sentimento (SenseComp)", *15ª Conferência Internacional de Engenharia Elétrica / Eletrônica, Computador, Telecomunicações e Tecnologia da Informação (ECTI-CON)*, 2018, pp. 25-28, doi: 10.1109/ECTICon.2018.8619892.
[55] S. Novgorodov, I. Guy, G. Elad, K. Radinsky, "Generating Product Descriptions from User Reviews," *In The World Wide Web Conference (WWW 19) Association for Computing Machinery,* Nova Iorque, EUA, pp. 1354-1364, 2019, https://doi.Org/10.1145/3308558.3313532
[56] K. Schouten et al., "Supervised and Unsupervised Aspect Category Detection for Sentiment Analysis with Co-occurrence Data", *IEEE Transactions on Cybernetics*, vol. 48, no. 4, pp. 1263-1275, 2018.
[57] O. Alqaryouti et al., "Análise de sentimentos baseada em aspetos utilizando dados de avaliações de governos inteligentes", *Computação e Informática Aplicada*, pp. 1-12, 2019.
[58] D. Wang et al., "Coarse Alignment of Topic and Sentiment: A Unified Model for Cross-Lingual Sentiment Classification", *IEEE Transactions on Neural Networks and Learning Systems*, vol. 32, n.º 2, pp. 736-747, Fev. 2021.
[59] N. Nandal, R. Tanwar e J. Pruthi, "Machine learning based aspect level sentiment analysis for Amazon products", *Spatial Information Research*, vol. 28, no. 5, pp. 601-607, 2020.
[60] J. K. Prathi, P. K. Raparthi e M. V. Gopalachari, "Real-Time Aspect- Based Sentiment Analysis on Consumer Reviews," *Data Engineering and Communication Technology*, vol. 1079, pp. 801-810, 2020.
[61] M. Shams, N. Khoshavi e A. Baraani-Dastjerdi, "LISA: LanguageIndependent Method for Aspect-Based Sentiment Analysis", *IEEE Access*, vol. 8, pp. 31034-31044, 2020.
[62] Y. Bie e Y. Yang, "A multitask multiview neural network for end-to-end aspect-based sentiment analysis", *Big Data Mining and Analytics*, vol. 4, no. 3, pp. 195-207, 2021.
[63] A. Bansal e N. Kumar, "Aspect-Based Sentiment Analysis Using Attribute Extraction of Hospital Reviews," *New Gener Comput*, vol. 11, pp. 1-20, 2021.
[64] K. Aurangzeb, N. Ayub, e M. Alhussein, "Aspect Based Multi-Labeling Using SVM Based Ensembler," *IEEE Access*, vol. 9, pp. 26026-26040, 2021.
[65] H. Shim, D. Lowet, S. Luca, e B. Vanrumste, "LETS: Um esquema de treinamento eficiente de rótulos para análise de sentimento baseada em aspeto usando um modelo de linguagem pré-treinado", *IEEE Access*, vol. 9, pp. 115563-115578, 2021.
[66] M.H. Phan, P.O.Ogunbona, "Modelling Context and Syntactical Features for Aspect-based Sentiment Analysis," *in Proc. Associação para a Computação*

Linguistics, pp. 3211-3220, 2020, 10.18653/v1/2020.acl-main.293.

[67] B. Wang, L. Ding, Q. Zhong, X. Li, D. Tao, "A Contrastive Cross-Channel Data Augmentation Framework for Aspect-based Sentiment Analysis", *ArXiv*, 2022, abs/2204.07832.

[68] Y. Tian, G. Chen, Y. Song, "Análise de sentimento baseada em aspeto com redes convolucionais de gráfico ciente de tipo e conjunto de camadas", *Proceedings of the 2021 Conference of the North American Chapter of the Association for Computational Linguistics: Tecnologias da linguagem humana,* pp. 2910-2922, 2021.

[69] K. Wang, W. Shen, Y. Yang, X. Quan e R. Wang, "Relational Graph Attention Network for Aspect-based Sentiment Analysis", *In Proceedings of the 58th Annual Meeting of the Association for Computational Linguistics*, pp. 3229-3238, 2020, Online. Associação para a Linguística Computacional.

[70] M. Binder et al., "Explaining the Stars: Aspect-Based Sentiment Analysis of Online Customer Reviews", *Vigésima Sétima Conferência Europeia sobre Sistemas de Informação (ECIS2019),* Estocolmo-Uppsala, Suécia, junho de 2019, pp. 1-17.

[71] R. Kumar, H.S. Pannu, A.K. Malhi, "Análise de sentimentos baseada em aspectos utilizando redes profundas e otimização estocástica", *Neural Comput & Applic*, vol. 32, pp. 3221-3235, abril de 2020.

[72] N. Li, C. Y. Chow, e J. D. Zhang, "SEML: A Semi-Supervised Multi-Task Learning Framework for Aspect-Based Sentiment Analysis", *IEEE Access*, vol. 8, pp. 189 287-189 297, 2020.

[73] M. S. Alamanda, "Aspect-based sentiment analysis search engine for social media data," *CSI Transactions on ICT*, vol. 8, no. 2, pp. 193-197, 2020.

[74] Q. Lu, Z. Zhu, G. Zhang, S. Kang e P. Liu, "Aspect-gated graph convolutional networks for aspect-based sentiment analysis", *Applied Intelligence*, vol. 51, n.º 7, pp. 4408-4419, 2021.

[75] S. Datta e S. Chakrabarti, "Análise de sentimento baseada em aspeto para tweets de desmonetização por rede neural recorrente otimizada usando otimizador multi-verso orientado para mosca de fogo", *Sadhana*, vol. 46, no. 2, pp. 1-23, 2021.

[76] A. Londhe, P. Rao, M. Singh, V. Tyagi, P. K. Gupta, J. Flusser, T. Oren e Sonawane, "Aspect Based Sentiment Analysis-An Incremental Model Learning Approach Using LSTM-RNN", *Advances in Computing and Data Sciences. ICACDS 2021*, pp. 1440-1440, 2021.

[77] R. Pradhan e D. K. Sharma, "An ensemble deep learning classifier for sentiment analysis on code-mix Hindi-English data", *Soft Computing*, pp. 1-18, 2022.

[78] H. Kaur et al., "A Proposed Sentiment Analysis Deep Learning Algorithm for Analyzing COVID-19 Tweets," *Inf Syst Front*, vol. 23, pp. 1417-1429, 2021.

[79] V. Balakrishnan, Z. Shi e C. L. Law, "A deep learning approach in predicting products' sentiment ratings: a comparative analysis", *J Supercomput*, vol. 78, pp. 7206-7226, 2022.

[80] A. Chatterjee et al., "Understanding Emotions in Text using Deep Learning and Big Data", *Computers in Human Behavior*, vol. 93, pp. 309-317, abril de 2019.

[81] M.E. Basiri, "ABCDM: An Attention-based Bidirectional CNN-RNN Deep Model for sentiment analysis", *Future Generation Computer Systems*, vol. 115, pp. 279-294, fevereiro de 2021.

[82] M. Dragoni, I. Donadello e E. Cambria, "OntoSenticNet 2: Enhancing Reasoning Within Sentiment Analysis", *IEEE Intelligent Systems*, vol. 37, pp. 103-110, março de 2022.

[83] F. Huang, X. Li, C. Yuan, S. Zhang, J. Zhang e S. Qiao, "Attention-Emotion-Enhanced Convolutional LSTM for Sentiment Analysis," *IEEE Transactions on Neural Networks and Learning Systems*, vol. 33, pp. 4332-4345, Sept. 2022.

[84] T. Zhang, X. Gong e C. L. P. Chen, "BMT-Net: Broad Multitask Transformer Network for Sentiment Analysis", *IEEE Transactions on Cybernetics*, vol. 52, n.º 7, pp. 6232-6243, julho de 2022.

[85] R. Wadawadagi e V. Pagi V, "Sentiment analysis with deep neural networks: comparative study and performance assessment", Artificial Intelligence Review, vol. 53, pp. 6155-6195, 2020.

[86] A. Yadav A, e D.K. Vishwakarma, "Sentiment analysis using deep learning architectures: a review," Artificial Intelligence Review, vol. 53, pp. 4335-4385, 2020

[87] M.S. Akhtar, A. Ekbal, E. Cambria, "How intense are you? predicting intensities of emotions and sentiments using stacked ensemble [notas de aplicação]", *IEEE Comput Intell Mag,* vol. 15, pp. 64-75, 2020.

[88] M.E. Basiri, S. Nemati, M. Abdar, E. Cambria, U.R. Acharya UR, "ABCDM: an attention-based bidirectional CNN-RNN deep model for sentiment analysis", *Future Generation Computer Systems*, vol. 115, pp. 279-294, 2021.

[89] S.O. Alhumoud, A.A Wazrah, "Arabic sentiment analysis using recurrent neural networks: a review", *Artificial Intelligence Review*, vol. 55, pp. 707-748, 2021.

[90] P. Vateekul, e T. Koomsubha, "A study of sentiment analysis using deep learning techniques on Thai twitter data," *In: 2016 13th International joint conference on computer science and software engineering (JCSSE), IEEE*, pp. 1-6, 2016.

[91] M. Dragoni e G. Petrucci, "A neural word embeddings approach for multidomain sentiment analysis", *IEEE Trans Afect Comput*, vol. 8, pp. 457-470, 2017.

[92] D. Wu e M. Chi, "Memória de curto prazo com conexões quadráticas em redes neurais recursivas para representar a semântica composicional", *IEEE Access*, vol. 5, pp. 16077-16083, 2017.

[93] A.K. Uysal, e Y.L. Murphey, "Sentiment classifcation: feature selection based approaches versus deep learning," *In: 2017 IEEE International conference on computer and information technology (CIT), IEEE,* pp. 23-30, 2017.

[94] W. Zhao, Z. Guan, L. Chen, X. He, D. Cai, B. Wang, Q. Wang, "Incorporação profunda fracamente supervisionada para análise de sentimento de revisão de produtos", *IEEE Transactions on Knowledge and Data Engineering*, vol. 30, pp. 185-197, 2017.

[95] S. Poria, I. Chaturvedi, E. Cambria, A. Hussain, "Convolutional MKL based multimodal emotion recognition and sentiment analysis," *In: 2016 IEEE 16th international conference on data mining (ICDM), IEEE*, pp. 439-448, 2016.

[96] M. Shuming, S. Xu, L. Junyang e R. Xuancheng, "Um modelo hierárquico de ponta a ponta para melhorar conjuntamente o resumo de texto e a classificação de sentimentos", *Actas da 27.ª Conferência Internacional Conjunta sobre Inteligência Artificial*, 2018.

[97] H. Liu e X. Wan, "Neural Review Summarization Leveraging User and Product Information", *Proceedings of the 28th ACM International Conference on Information and Knowledge Management*, 2019.

[98] S. B. Marzijarani e H. Sajedi, "Opinion mining with reviews summarization based on clustering", *International Journal of Information Technology*, vol. 12, no. 4, pp. 1299-1310, 2020.

[99] J. Sheela e J. B, "Um sistema de geração de resumo abstrato para avaliações de clientes e artigos de notícias usando aprendizado profundo", *Journal of Ambient Intelligence and Humanized Computing*, vol. 12, pp. 7363-7373, 2021.

[100] F. You, S. Zhao e J. Chen, "A Topic Information Fusion and Semantic Relevance for Text Summarization", em *IEEE Access*, vol. 8, pp. 178946178953, 2020, doi: 10.1109/ACCESS.2020.2999665.

[101] Y. Kaichun et al., "Codificação dupla para resumo de texto abstrativo", *IEEE Transactions on Cybernetics*, pp. 1-12, 2018, 10.1109/TCYB.2018.2876317.

[102] J. M. Sanchez-Gomez, M.A. Vega-Rodriguez, C.J. Perez, "Resumo de texto focado em consultas orientadas para o sentimento abordado com uma abordagem de otimização multi-objetivo", *Applied SoftComputing*, vol. 113, pp. 1-12, 2021,
10.1016/j.asoc.2021.107915.

[103] S. Mandal, G.K. Singh, A. Pal, "Técnica de Sumarização de Texto por Análise de Sentimentos e Algoritmo de Pesquisa Cuco," *Avanços em Sistemas Inteligentes e Computação, Springer*, vol. 1025, pp. 357-356, 2020, https://doi.org/10.1007/978-981-32-9515-5_34

[104] K. Yao, L. Zhang, D. Du, T. Luo, L. Tao e Y. Wu, "Codificação dupla para resumo de texto abstrato", em *IEEE Transactions on Cybernetics*, vol. 50, no. 3, pp. 985-996, março de 2020, doi: 10.1109/TCYB.2018.2876317.

[105] R. Nallapati, F. Zhai e B. Zhou, "SummaRuNNer: Um modelo de seqüência baseado em rede neural recorrente para resumo extrativo de documentos*", em Proc. 31st AAAI Conf. Artif. Intell.*, São Francisco, CA, EUA, pp. 3075-3081, 2017.

[106] P. Maria, G. Dimitrios, P. John, P. Harris, A. Ion, e M. Suresh, "SemEval- 2014 Task 4: Aspect Based Sentiment Analysis," *Proc. 8th Int. Workshop de Avaliação Semântica. (SemEval),* pp. 27-35, 2014.

[107] T. U. Haque, N. N. Saber e F. M. Shah, "Análise de sentimento em revisões de produtos da Amazon em grande escala", *2018 IEEE International Conference on Innovative Research and Development (ICIRD)*,2018, pp. 1-6, doi:

10.1109/ICIRD.2018.8376299.
[108] A. Go, R. Bhayani, e L. Huang, "Twitter sentiment classification using distant supervision," *Processing*, vol. 150, pp. 1-6, 2009.
[109] M.P. Geetha, D. K. Renuka, "Improving the performance of aspect based sentiment analysis using fine-tuned Bert Base Uncased model," *International Journal of Intelligent Networks*, vol. 2, pp. 64-69, 2021.
[110] M.C. de Marnee, C.D. Manning, Stanford typed dependencies manual, 2008.
[111] C. D. Manning, "The Stanford Core NLP natural language processing toolkit," *Proc 52nd Annu Meeting Assoc*, pp. 55-60, 2014.
[112] M. Tubishat et al., "Algoritmo de otimização de baleias melhorado para seleção de caraterísticas na análise de sentimentos árabes", *Appl Intell*, vol. 49, pp. 1688-1707, 2019.
[113] S. Nabizath, "An ensemble classification system for twitter sentiment analysis," *Procedia computer science,* vol. 132, pp. 937-946, 2018.
[114] S.M. Shuhidan, S.R. Hamidi, S. Kazemian, S.M. Shuhidan, e M.A. Ismail, "Sentiment analysis for financial news headlines using machine learning algorithm," *In International Conference on Kansei Engineering & Emotion Research* , pp. 64-72, Springer, Singapura, 2018.
[115] D.P. Chatterjee, S. Mukhopadhyay, S. Goswami, e P.K. Panigrahi, "Efficacy of oversampling over machine learning algorithms in case of sentiment analysis," *Data Management, Analytics and Innovation* Springer, Singapura, pp. 247-260, 2021.
[116] P. F. Muhammad, R. Kusumaningrum e A. Wibowo, "Sentiment Analysis Using Word2vec and Long Short-Term Memory (LSTM) for Indonesian Hotel Reviews", *5ª Conferência Internacional sobre Ciência da Computação e Inteligência Computacional*, vol. 179, pp. 728-735, 2020.
[117] R. Srivastava, P. Singh, K.P.S Rana, V. Kumar, "A topic modeled unsupervised approach to single document extractive text summarization," *Knowledge-Based Systems*, vol. 246, p.108636, 2022.
[118] V. Priya, K. Umamaheswari, "Otimização de enxame de partículas multiobjetivo contínuo e discreto aprimorado para resumo de texto", *Cluster Comput,* vol. 22, pp. 229-240, 2019, https://doi.org/10.1007/s10586-018-2674-1
[119] H. Xu, H. Liu, P. Jiao e W. Wang, "Transformer Reasoning Network for Personalized Review Summarization", *em Proceedings of the 44th International ACM SIGIR Conference on Research and Development in Information Retrieval*, pp. 1452-1461, 2021.
[120] A. Shah, D. Zanzmera, K. Mehta, "Sumarização automática de texto em hindi baseada em aprendizagem profunda", *em 2022, 6.ª Conferência Internacional sobre Metodologias de Computação e Comunicação (ICCMC) IEEE,* pp. 1455-1461, 2022.
[121] L. Chin-Yew, "ROUGE: Um pacote para avaliação automática de resumos", *Actas do Workshop ACL: Text Summarization Braches Out 2004,* pp. 110, 2004.

LISTA DE PUBLICAÇÕES

1. G. Kaur e A. Sharma, " A Study towards the Sentiment Analysis Techniques for the Analysis of Customer Review Data," *International Journal of Advanced Science and Technology*, vol. 29, pp. 5095-5101, 2020.
2. G. Kaur e A. Sharma, "HAS: Hybrid Analysis of Sentiments for the perspective of customer review summarization," *Journal of Ambient Intelligence and Humanized Computing*, springer nature, vol. ahead-of-print, pp. 1-14, 2022.
3. G. Kaur e A. Sharma, "Comparison of Different Machine Learning Algorithms for Sentiment Analysis," *2022 International Conference on Sustainable Computing and Data Communication Systems (ICSCDS),* pp. 141-147, 2022.
4. G. Kaur e A. Sharma, "Modelo de Análise de Sentimento AI/ML para Chatbot Médico: Uma revisão", *Conferência ACM 2022* (no prelo).
5. G. Kaur e A. Sharma, "A Deep Learning-Based Model using Hybrid Feature Extraction Approach for Consumer Sentiment Analysis," *Journal of Big Data*, springer nature, vol. 10, pp. 1-23, 2023.
6. Resumo automático de avaliações de clientes utilizando análise de sentimentos híbrida baseada em aprendizagem profunda - aceite para publicação na revista F1000 Research.

Printed by Books on Demand GmbH, Norderstedt / Germany